개념과 원리를 다지고
계산력을 키우는

왕수학

개념
+
연산

왕수학

개념+연산

5-1

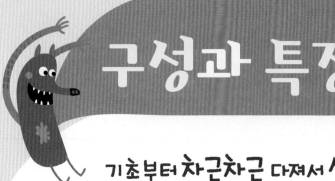

구성과 특징

기초부터 차근차근 다져서 실력 up!

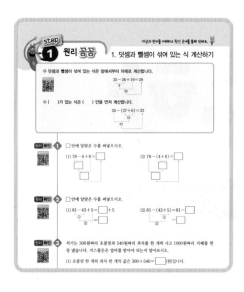

step 1 원리 꼼꼼

교과서 개념과 원리를 각 주제별로 익히고
원리 확인 문제를 풀어 보면서 개념을
이해합니다.

다음 단계로 고고!

step 2 원리 탄탄

기본 문제를 풀어 보면서
개념과 원리를 튼튼히 다집니다.

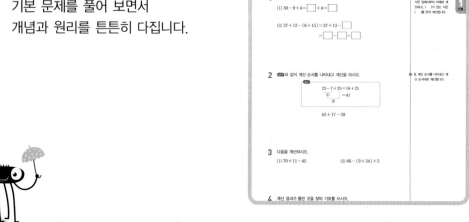

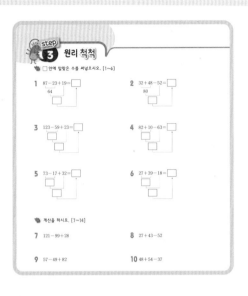

step 3 원리 척척

계산력 위주의 문제를 반복 연습하여 계산 능력을
향상시킵니다.

힘내자 아자~

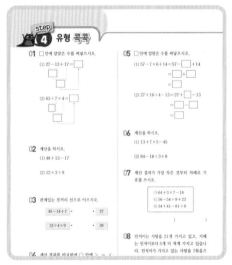

step 4 유형 콕콕

다양한 문제를 유형별로 풀어 보면서
실력을 키웁니다.

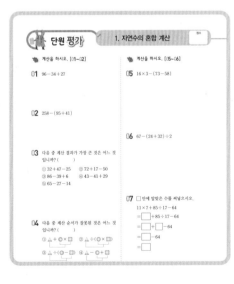

단원 평가

단원별 대표 문제를 풀어서
자신의 실력을 확인해 보고
학교 시험에 대비합니다.

우와~ 대단해!

차례

1 자연수의 혼합 계산

이번에 배울 내용

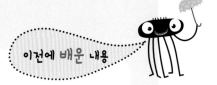

이전에 배운 내용

• 덧셈과 뺄셈
• 곱셈과 나눗셈

1 덧셈과 뺄셈이 섞여 있는 식 계산하기

2 곱셈과 나눗셈이 섞여 있는 식 계산하기

3 덧셈, 뺄셈, 곱셈이 섞여 있는 식 계산하기

4 덧셈, 뺄셈, 나눗셈이 섞여 있는 식 계산하기

5 덧셈, 뺄셈, 곱셈, 나눗셈이 섞여 있는 식 계산하기

• 분수의 덧셈과 뺄셈
• 분수의 곱셈과 나눗셈
• 소수의 곱셈과 나눗셈

다음에 배울 내용

step 1 원리 꼼꼼

1. 덧셈과 뺄셈이 섞여 있는 식 계산하기

❀ 덧셈과 뺄셈이 섞여 있는 식은 앞에서부터 차례로 계산합니다.

$$35 - 26 + 19 = 28$$
$$9$$
$$28$$

❀ (   )가 있는 식은 (   ) 안을 먼저 계산합니다.

$$55 - (27 + 6) = 22$$
$$33$$
$$22$$

원리 확인 ① □ 안에 알맞은 수를 써넣으시오.

(1) $78 - 4 + 8 = \boxed{}$

(2) $78 - (4 + 8) = \boxed{}$

원리 확인 ② □ 안에 알맞은 수를 써넣으시오.

(1) $81 - 43 + 5 = \boxed{} + 5$
  ①
  $② = \boxed{}$

(2) $81 - (43 + 5) = 81 - \boxed{}$
  ①
  $② = \boxed{}$

원리 확인 ③ 석기는 300원짜리 초콜릿과 540원짜리 과자를 한 개씩 사고 1000원짜리 지폐를 한 장 냈습니다. 거스름돈은 얼마를 받아야 되는지 알아보시오.

(1) 초콜릿 한 개와 과자 한 개의 값은 $300 + 540 = \boxed{}$ (원)입니다.

(2) 거스름돈은 $1000 - \boxed{} = \boxed{}$ (원)입니다.

(3) 거스름돈은 얼마인지 알아보기 위하여 하나의 식으로 만들면
$\boxed{} - (300 + \boxed{}) = \boxed{}$ (원)입니다.

step 2 원리 탄탄

1 □ 안에 알맞은 수를 써넣으시오.

(1) $30-9+4=$ ☐ $+4=$ ☐

(2) $37+12-(8+15)=37+12-$ ☐

$=$ ☐ $-$ ☐ $=$ ☐

1. 덧셈과 뺄셈이 섞여 있는 식은 앞에서부터 차례로 계산하고, ( )가 있는 식은 ( )를 먼저 계산합니다.

1 단원

2 보기 와 같이 계산 순서를 나타내고 계산을 하시오.

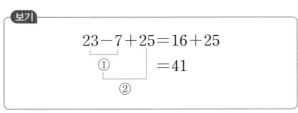

보기

$$23-7+25=16+25$$
① $=41$
②

$$43+17-39$$

2. 계산 순서를 나타내고 계산 순서대로 계산합니다.

3 다음을 계산하시오.

(1) $70+11-45$ (2) $66-(9+34)+5$

4 계산 결과가 <u>틀린</u> 것을 찾아 기호를 쓰시오.

㉠ $51-(5+19)=65$
㉡ $37+15+(23-6)=69$
㉢ $(60-7)+5-13=45$

(   )

 □ 안에 알맞은 수를 써넣으시오. [1~6]

1 87−23+19= ☐
64
☐

2 32+48−52= ☐
80
☐

3 123−59+23= ☐
☐
☐

4 82+10−63= ☐
☐
☐

5 73−17+32= ☐
☐
☐

6 27+39−18= ☐
☐
☐

🍂 계산을 하시오. [7~14]

7 121−99+28

8 27+43−52

9 57−49+82

10 48+54−37

11 134−98+19

12 143+29−107

13 150−123+47

14 152+74−168

단원

🍂 □ 안에 알맞은 수를 써넣으시오. [15~20]

15 $102-(59+21)=\boxed{}$

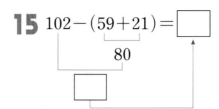

80

16 $72+(48-29)=\boxed{}$

19

17 $99-(23+48)=\boxed{}$

18 $63+(92-49)=\boxed{}$

19 $182-(27+89)=\boxed{}$

20 $92+(78-59)=\boxed{}$

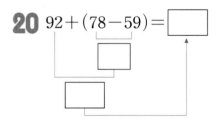

🍂 계산을 하시오. [21~28]

21 $109-(78+13)$

22 $17+(121-32)$

23 $112-(54+49)$

24 $48+(137-98)$

25 $132-(43+48)$

26 $64+(57-40)$

27 $150-(93+38)$

28 $50+(63-26)$

step 1 원리 꼼꼼

2. 곱셈과 나눗셈이 섞여 있는 식 계산하기

🍀 곱셈과 나눗셈이 섞여 있는 식은 앞에서부터 차례로 계산합니다.

$$30 \div 6 \times 8 = 40$$

$$5$$
$$40$$

🍀 곱셈과 나눗셈이 섞여 있고, (   )가 있는 식은 (   ) 안을 먼저 계산합니다.

$$96 \div (4 \times 6) = 4$$

$$24$$
$$4$$

원리 확인 1

□ 안에 알맞은 수를 써넣으시오.

(1) $18 \div 9 \times 4 = \boxed{}$

$\boxed{}$
$\boxed{}$

(2) $3 \times 8 \div 6 = \boxed{}$

$\boxed{}$
$\boxed{}$

원리 확인 2

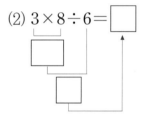

□ 안에 알맞은 수를 써넣으시오.

(1) $48 \div 3 \times 8 = \boxed{} \times 8$
　　　 ①
　　　 ② $= \boxed{}$

(2) $48 \div (3 \times 8) = 48 \div \boxed{}$
　　　　　 ①
　　　　　 ② $= \boxed{}$

원리 확인 3

한 명이 종이학을 한 시간에 6개씩 만들 수 있다고 합니다. 3명이 종이학 90개를 만들려면 몇 시간이 걸리는지 알아보시오.

(1) 3명이 한 시간에 만들 수 있는 종이학은 $6 \times 3 = \boxed{}$(개)입니다.

(2) 3명이 종이학 90개를 만드는 데 걸리는 시간은 $90 \div \boxed{} = \boxed{}$(시간)입니다.

(3) 종이학을 만드는 데 걸리는 시간은 몇 시간인지 알아보기 위하여 하나의 식으로 만들면 $\boxed{} \div (6 \times \boxed{}) = \boxed{}$(시간)입니다.

1 계산 순서대로 기호를 쓰시오.

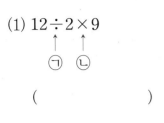

(1) $12 \div 2 \times 9$

   ㄱ   ㄴ

(   )

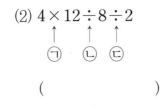

(2) $4 \times 12 \div 8 \div 2$

   ㄱ   ㄴ   ㄷ

(   )

> **1.** 곱셈과 나눗셈이 섞여 있는 식은 앞에서부터 차례로 계산합니다.

2 보기 와 같은 방법으로 계산을 하시오.

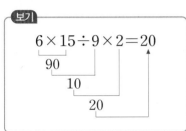

보기

$$6 \times 15 \div 9 \times 2 = 20$$

  90

   10

    20

$$32 \div 8 \times 7 \div 2$$

3 다음을 계산하시오.

(1) $96 \div 6 \times 3$

(2) $5 \times 9 \div 3 \times 2$

(3) $6 \times 12 \div (4 \times 6)$

(4) $24 \div (12 \div 6) \times 7$

4 ○ 안에 $>$, $=$, $<$를 알맞게 써넣으시오.

(1) $6 \times 9 \div 3$ ○ $9 \div 3 \times 8$

(2) $60 \div 6 \times 5 \div 10$ ○ $5 \times 4 \div 2 \times 3$

(3) $72 \div (8 \times 3) \times 6$ ○ $64 \times 2 \div (24 \div 3)$

> **4.** 각각을 계산한 후 계산한 값의 크기를 비교합니다.

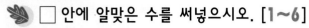

step 3 원리 척척

🌰 □ 안에 알맞은 수를 써넣으시오. [1~6]

1 $36 \div 4 \times 5 =$ ☐

9

☐

2 $9 \times 8 \div 6 =$ ☐

72

☐

3 $54 \div 6 \times 9 =$ ☐

☐

☐

4 $8 \times 10 \div 4 =$ ☐

☐

☐

5 $64 \div 8 \times 5 =$ ☐

☐

☐

6 $11 \times 6 \div 3 =$ ☐

☐

☐

🍂 계산을 하시오. [7~14]

7 $88 \div 4 \times 10$

8 $14 \times 6 \div 6$

9 $92 \div 4 \times 3$

10 $8 \times 14 \div 16$

11 $108 \div 18 \times 7$

12 $9 \times 16 \div 12$

13 $132 \div 12 \times 6$

14 $18 \times 8 \div 24$

🌿 □ 안에 알맞은 수를 써넣으시오. [15~20]

15 $84 \div (6 \times 2) = \boxed{}$

$\boxed{12}$

$\boxed{}$

16 $3 \times (81 \div 9) = \boxed{}$

9

$\boxed{}$

17 $88 \div (4 \times 2) = \boxed{}$

$\boxed{}$

$\boxed{}$

18 $6 \times (72 \div 8) = \boxed{}$

$\boxed{}$

$\boxed{}$

19 $84 \div (2 \times 7) = \boxed{}$

$\boxed{}$

$\boxed{}$

20 $9 \times (49 \div 7) = \boxed{}$

$\boxed{}$

$\boxed{}$

🌿 계산을 하시오. [21~28]

21 $72 \div (6 \times 3)$

22 $4 \times (88 \div 8)$

23 $105 \div (5 \times 3)$

24 $12 \times (144 \div 36)$

25 $108 \div (9 \times 2)$

26 $10 \times (121 \div 11)$

27 $196 \div (4 \times 7)$

28 $9 \times (169 \div 13)$

step 1 원리 꼼꼼

3. 덧셈, 뺄셈, 곱셈이 섞여 있는 식 계산하기

❀ 덧셈, 뺄셈, 곱셈이 섞여 있는 식은 곱셈을 먼저 계산하고 ( )가 있으면 ( ) 안을 가장 먼저 계산합니다.

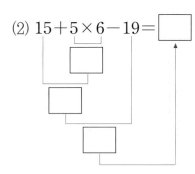
$25+4×8-13=44$

원리 확인 ① □ 안에 알맞은 수를 써넣으시오.

(1) $46-6×7=\boxed{}$

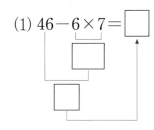

(2) $15+5×6-19=\boxed{}$

원리 확인 ② □ 안에 알맞은 수를 써넣으시오.

(1) $51+3×8=51+\boxed{}$ ①
　　　　　　　　　　　②
　　　　　$=\boxed{}$

(2) $30-4×3+14=30-\boxed{}+14$ ①
　　　　　　　　　②
　　　　　　　　　$=\boxed{}+14$
　　　　　　　　　③
　　　　　　　　　$=\boxed{}$

원리 확인 ③ 어제 저녁에 60대를 주차할 수 있는 주차장에 자동차가 9대씩 5줄로 주차되어 있었습니다. 오늘 아침에 자동차 11대가 밖으로 나갔다면, 이 주차장에 더 주차할 수 있는 자동차 수는 몇 대인지 알아보시오.

(1) 9대씩 5줄로 주차한 자동차 수는 $9×5=\boxed{}$(대)입니다.

(2) 어제 저녁에 더 주차할 수 있었던 자동차 수는 $60-\boxed{}=\boxed{}$(대)입니다.

(3) 아침에 11대가 밖으로 나갔으므로 더 주차할 수 있는 자동차 수는
　　$\boxed{}+11=\boxed{}$(대)입니다.

(4) 더 주차할 수 있는 자동차 수를 알아보기 위하여 하나의 식으로 만들면
　　$60-9×\boxed{}+\boxed{}=\boxed{}$(대)입니다.

step 2 원리 **탄탄**

1 보기를 보고 □ 안에 알맞은 수를 써넣으시오.

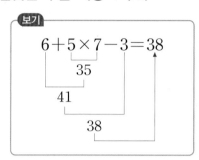

1. 덧셈, 뺄셈, 곱셈이 섞여 있는 식은 곱셈을 먼저 계산해야 하고, 덧셈, 뺄셈은 앞에서부터 차례대로 계산합니다.

1
단원

(1) $19 + 4 \times 7 = \square$

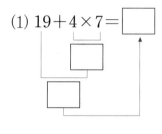

(2) $57 - 2 \times 7 + 11 = \square$

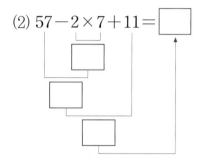

2 계산 순서를 나타내고 계산을 하시오.

(1) $19 + 4 \times 13 - 5$

(2) $17 \times 3 - 3 \times 8$

무엇을 먼저 계산해야 하지?

$\times$ 를 먼저 계산하고 $+$, $-$ 를 계산해야지.

3 계산 결과가 같은 것끼리 선으로 이으시오.

$53 + 13 \times 2$ •   • $53 - 3 \times 8$

$47 - 6 \times 3$ •   • $97 - 2 \times 9$

4 현이네 반 학생 24명은 2명씩 8팀으로 나누어 씨름을 하고, 나머지는 다른 반 학생 5명과 함께 구경하였습니다. 구경한 학생은 모두 몇 명인지 하나의 식으로 만들어 구하시오.

식    답

step 3 원리 척척

🍂 ☐ 안에 알맞은 수를 써넣으시오. [1~6]

1 $73-6\times7+21=\boxed{}$
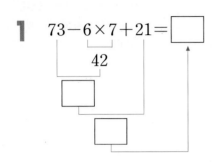

2 $88-7\times8+18=\boxed{}$
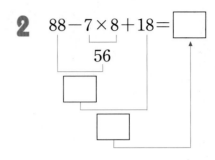

3 $29+7\times5-36=\boxed{}$
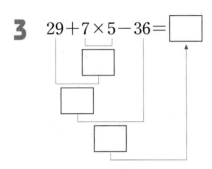

4 $46+8\times10-99=\boxed{}$
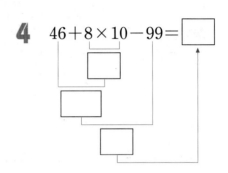

5 $82-4\times12+13=\boxed{}$
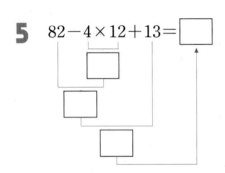

6 $15+5\times3-12=\boxed{}$
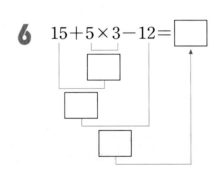

🍂 계산을 하시오. [7~12]

7 $105-12\times8+16$

8 $66+12\times3-78$

9 $123-11\times9+20$

10 $72+4\times13-105$

11 $98-81+10\times2$

12 $156+33-6\times18$

1
단원

🍂 ☐ 안에 알맞은 수를 써넣으시오. [13~18]

13 $53+(52-24)\times4=$ ☐

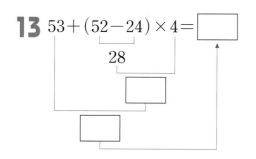

28

14 $88+(37-19)\times5=$ ☐

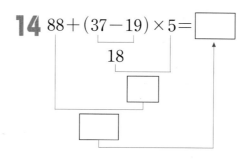

18

15 $(55-8)\times4+2=$ ☐

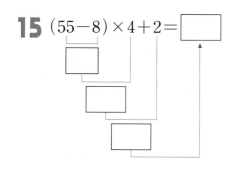

16 $(48-7)\times5+3=$ ☐

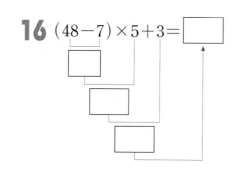

17 $43+(27-12)\times4=$ ☐

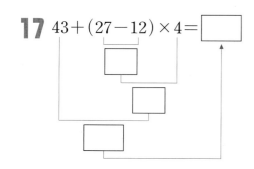

18 $224-22\times(4+2)=$ ☐

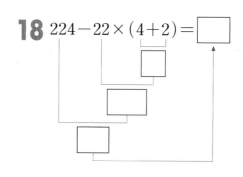

🍂 계산을 하시오. [19~24]

19 $72-6\times(7+4)$

20 $16\times(15-2)+8$

21 $15\times(35-6)+8$

22 $(25+7)\times2-37$

23 $(29+8)\times4-51$

24 $48+5\times(72-6)$

step 1 원리 꼼꼼

4. 덧셈, 뺄셈, 나눗셈이 섞여 있는 식 계산하기

♣ 덧셈, 뺄셈, 나눗셈이 섞여 있는 식은 나눗셈을 먼저 계산하고 ( )가 있으면 ( ) 안을 가장 먼저 계산합니다.

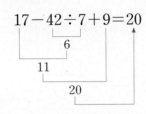

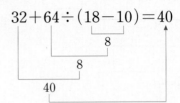

원리 확인 1

□ 안에 알맞은 수를 써넣으시오.

(1) $70-98\div7=$ □

(2) $16+52\div4-7=$ □

원리 확인 2

□ 안에 알맞은 수를 써넣으시오.

(1) $(32+16)\div8-2=$ □ $\div8-2$
= □ -2
= □

(2) $54\div(27-25)+16=54\div$ □ $+16$
= □ $+16$
= □

원리 확인 3

한초는 도토리를 하루에 70개, 석기는 이틀에 120개, 상연이는 하루에 85개를 주웠습니다. 한초와 석기가 하루에 주운 도토리는 상연이가 하루에 주운 도토리보다 몇 개 더 많은지 알아보시오.

(1) 석기가 하루에 주운 도토리는 $120\div2=$ □ (개)입니다.

(2) 한초와 석기가 하루에 주운 도토리는 모두 $70+$ □ $=$ □ (개)입니다.

(3) 한초와 석기가 하루에 주운 도토리는 상연이가 하루에 주운 도토리보다
□ $-85=$ □ (개) 더 많습니다.

(4) 한초와 석기가 하루에 주운 도토리는 상연이가 하루에 주운 도토리보다 몇 개 더 많은지 알아보기 위하여 하나의 식을 만들면
□ $+120\div$ □ $-$ □ $=$ □ (개)입니다.

기본 문제를 통해 개념과 원리를 다져요.

1 보기를 보고 □ 안에 알맞은 수를 써넣으시오.

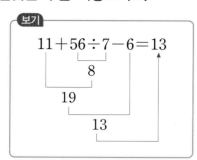

보기

$$11+56÷7-6=13$$
8
19
13

1. 덧셈, 뺄셈, 나눗셈이 섞여 있는 식은 나눗셈을 먼저 계산해야 하고, 덧셈, 뺄셈은 앞에서부터 차례대로 계산합니다.

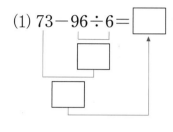

(1) $73-96÷6=$ □

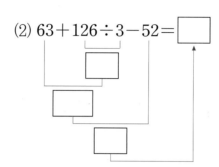

(2) $63+126÷3-52=$ □

2 계산 결과가 같은 것끼리 선으로 이으시오.

$(7+56)÷7$ •

• $81÷(2+7)$

$72÷(18-9)$ •

• $(78-62)÷2$

계산하는 순서를 제대로 알아야 해요.

3 계산 순서를 나타내고 계산을 하시오.

(1) $43-18+54÷9$

(2) $63÷7+84÷4$

(3) $24÷(6-4)+15$

(4) $(19+14)÷(22÷2)$

4 ㉮ 빵은 4개에 2000원이고 ㉯ 빵은 3개에 1800원입니다. ㉯ 빵 1개는 ㉮ 빵 1개보다 얼마나 더 비싼지 하나의 식으로 만들어 구하시오.

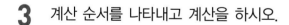

 식 _____

답 _____

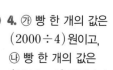

4. ㉮ 빵 한 개의 값은 $(2000÷4)$원이고, ㉯ 빵 한 개의 값은 $(1800÷3)$원입니다.

step 3 원리 척척

□ 안에 알맞은 수를 써넣으시오. [1~6]

1 $23+63÷3-19=\boxed{}$

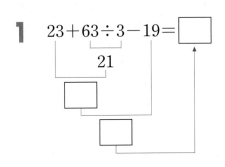

2 $42+81÷3-49=\boxed{}$

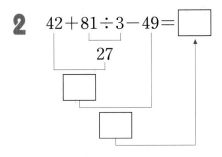

3 $58-24÷2+42=\boxed{}$

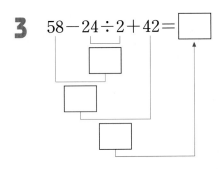

4 $78-96÷4+13=\boxed{}$

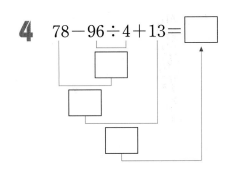

5 $40+88÷4-36=\boxed{}$

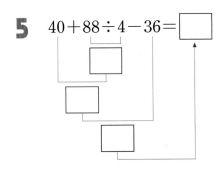

6 $72-36÷4+12=\boxed{}$

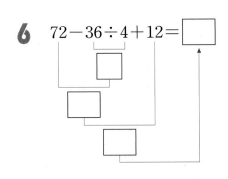

계산을 하시오. [7~12]

7 $67+94÷2-56$

8 $92-116÷4+11$

9 $73+96÷12-44$

10 $83-196÷7+24$

11 $63+42-82÷2$

12 $85-63+72÷4$

❧ □ 안에 알맞은 수를 써넣으시오. [13~18]

13 $43+(67-19)\div4=$ □

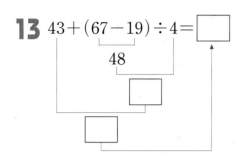

14 $37+(90-18)\div6=$ □

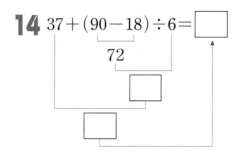

15 $(46+34)\div8-6=$ □

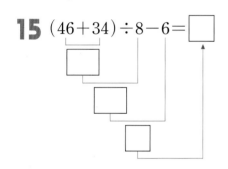

16 $43+35\div(46-41)=$ □

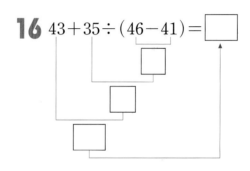

17 $25+(65-17)\div8=$ □

18 $(52-7)\div9+35=$ □

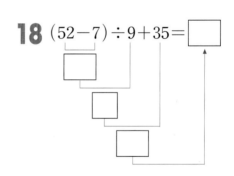

❧ 계산을 하시오. [19~24]

19 $(58+26)\div4-13$

20 $55+(24\div4)-25$

21 $27-35\div(3+2)$

22 $17-(56\div4)+10$

23 $48\div4-54\div(3+6)$

24 $72\div9-24\div(8+4)$

step 1 원리 꼼꼼

5. 덧셈, 뺄셈, 곱셈, 나눗셈이 섞여 있는 식 계산하기

🐾 **덧셈, 뺄셈, 곱셈, 나눗셈이 섞여 있는 식의 계산**

- 덧셈, 뺄셈, 곱셈, 나눗셈이 섞여 있는 식은 곱셈과 나눗셈을 먼저 계산합니다.
- (   )가 있는 식은 (   ) 안을 먼저 계산합니다.

$$86-(32+24)\times3\div7=86-56\times3\div7$$
$$=86-168\div7$$
$$=86-24$$
$$=62$$

①
②
③
④

원리 확인

1 ☐ 안에 알맞은 말을 써넣으시오.

(1) 덧셈, 뺄셈, 곱셈, 나눗셈이 섞여 있는 식의 계산 순서는 ☐ 과 ☐ 을 먼저 계산합니다.

(2) 곱셈과 나눗셈의 계산 순서는 ☐ 에서부터 차례로 계산합니다.

(3) 덧셈과 뺄셈의 계산 순서는 ☐ 에서부터 차례로 계산합니다.

원리 확인

2 계산 순서에 맞게 기호를 써 보시오.

$$59+84\div6\times5-16$$

ㄱ ㄴ ㄷ ㄹ

(   )

원리 확인 **3**

계산 순서를 나타내고 계산해 보시오.

$$(72-16)\div4+8\times3=\boxed{}\div4+8\times3$$
$$=\boxed{}+8\times3$$
$$=\boxed{}+\boxed{}$$
$$=\boxed{}$$

1 계산 순서대로 기호를 쓰시오.

$$85-28 \div (24-17) \times 9+15$$

ㄱ   ㄴ   ㄷ   ㄹ   ㅁ

(   )

> **1.** ( )가 있는 식은 ( ) 안을 먼저 계산하고 곱셈과 나눗셈, 덧셈과 뺄셈을 차례로 계산합니다.

2 □ 안에 알맞은 수를 써넣으시오.

$$54 \div (9-3)+9 \times 12$$
$$=54 \div \boxed{}+9 \times 12$$
$$=\boxed{}+9 \times 12$$
$$=\boxed{}+\boxed{}$$
$$=\boxed{}$$

3 다음을 계산하시오.

(1) $21+42 \div (8-2) \times 9$

(2) $83-9 \times (8+7) \div 45$

4 다음을 하나의 식으로 나타내고 계산하시오.

> 15와 51의 합에서 42를 6으로 나눈 몫의 8배만큼을 뺀 값

_____

5 ○ 안에 >, =, <를 알맞게 써넣으시오.

$$125-4 \times 3+24 \div 3 \bigcirc 125-4 \times (3+24) \div 3$$

> **4.** 각각을 계산 순서에 따라 계산한 후 계산한 값의 크기를 비교합니다.

🍂 □ 안에 알맞은 수를 써넣으시오. [1~6]

1 $63 \div 3 - 7 \times 2 + 17 = \square$

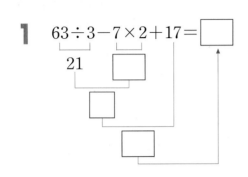
21

2 $56 - 3 \times 4 \div 2 + 7 = \square$

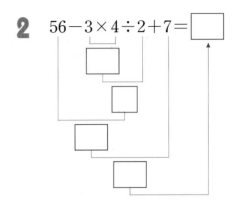

3 $94 - 6 \times (8 + 6) \div 7 = \square$

14
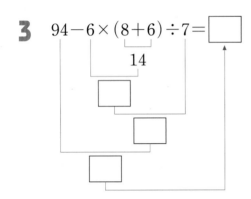

4 $27 + 48 \div (17 - 5) \times 8 = \square$

12
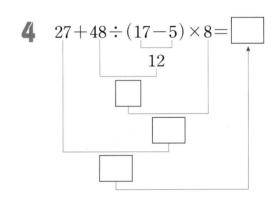

5 $48 \div 4 - 3 \times 3 + 12 = \square$

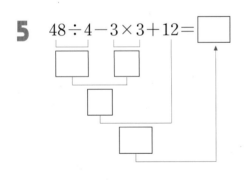

6 $78 - 8 \times (4 + 8) \div 6 = \square$

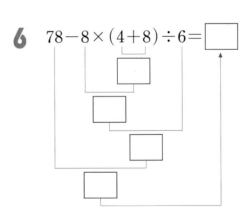

🍂 계산을 하시오. [7~12]

7 $63 - 5 \times 9 + 49 \div 7$

8 $16 \times 4 - 105 \div 3 + 7$

9 $78 + 16 \div 4 - 12 \times 5$

10 $84 \div (23 - 16) + 2 \times 8$

11 $9 \times (7 + 8) \div 5 - 18$

12 $72 \div (12 + 6) \times 9 - 18$

🍃 **식을 세우고 계산을 하시오. [13~18]**

13 23과 58의 합에서 48을 3으로 나눈 몫의 4배만큼을 뺀 값

➡ _____

14 14와 37의 합에서 54를 6으로 나눈 몫의 5배만큼을 뺀 값

➡ _____

15 88과 15의 차에 51을 3으로 나눈 몫의 4배만큼을 더한 값

➡ _____

16 7과 8의 곱에서 3을 뺀 후 102를 6으로 나눈 몫을 더한 값

➡ _____

17 162에서 9와 3의 곱을 뺀 후 48을 4로 나눈 몫을 더한 값

➡ _____

18 120을 7과 8의 합으로 나눈 몫에 12배를 한 후 38을 뺀 값

➡ _____

01 □ 안에 알맞은 수를 써넣으시오.

(1) $27-13+17=$ □

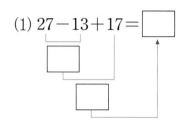

(2) $63 \div 7 \times 4 =$ □

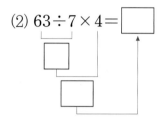

02 계산을 하시오.

(1) $48+13-17$

(2) $12 \times 3 \div 9$

03 관계있는 것끼리 선으로 이으시오.

$45-14+7$ •

$12 \div 4 \times 9$ •

• 27

• 38

04 계산 결과를 비교하여 ○ 안에 >, =, < 를 알맞게 써넣으시오.

(1) $87-43+18$ ○ $72 \div 9 \times 5$

(2) $15+63+49-85$ ○ $72 \div 8 \times 3 \times 5$

05 □ 안에 알맞은 수를 써넣으시오.

(1) $57-7 \times 6+14 = 57-$ □ $+14$

$=$ □ $+$ □

$=$ □

(2) $27+16 \div 4-13 = 27+$ □ -13

$=$ □ $-$ □

$=$ □

06 계산을 하시오.

(1) $13+7 \times 5-45$

(2) $84-18 \div 3+8$

07 계산 결과가 가장 작은 것부터 차례로 기호를 쓰시오.

㉠ $64+3 \times 7-18$
㉡ $56-54 \div 9+23$
㉢ $34+41-81 \div 9$

(   )

08 민석이는 사탕을 21개 가지고 있고, 지혜는 민석이보다 5개 더 적게 가지고 있습니다. 민석이가 가지고 있는 사탕을 7묶음으로 나누어 이 중 두 묶음을 지혜에게 주었습니다. 지혜가 가지고 있는 사탕은 몇 개가 되는지 하나의 식으로 만들어 구하시오.

식 _____

답 _____

09 □ 안에 알맞은 수를 써넣으시오.

(1) $79-(17+25)=$ □

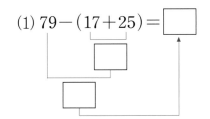

(2) $8\times(42\div7)=$ □

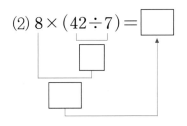

10 계산을 하시오.

(1) $42\times(7-3)$

(2) $(75-47)\div2$

11 계산 순서에 맞게 차례로 기호를 쓰시오.

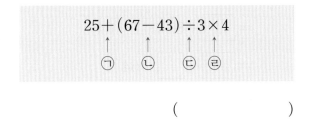

$$25+(67-43)\div3\times4$$

( )

12 계산 결과가 더 큰 것을 찾아 기호를 쓰시오.

㉮ $264\div(15-9)\times2$
㉯ $87-(58-16)\div7$

( )

13 계산을 잘못한 것을 찾아 기호를 쓰시오.

㉠ $15+12\times(6-2)=63$
㉡ $62-(35+105\div15)-6=14$
㉢ $90\div6+34-(17+18)=17$

( )

14 식을 이용하여 해결할 수 있는 생활 문제를 만들어 해결하시오.

$$500\times8\div200$$

_____

_____

_____

15 연필 한 자루는 280원이고, 색연필 5자루는 1000원입니다. 연필 1타와 색연필 4자루의 값은 모두 얼마인지 하나의 식으로 만들어 구하시오.

 _____

답 _____

16 영수네 반 학생은 4명씩 6모둠입니다. 선생님께서 97개의 귤 중 1개를 드신 후 반 학생들에게 똑같이 나누어 주려고 합니다. 한 사람에게 몇 개씩 나누어 주면 되는지 하나의 식으로 만들어 구하시오.

식 _____

답 _____

🍂 계산을 하시오. [01~02]

01 $96-34+27$

02 $258-(95+41)$

03 다음 중 계산 결과가 가장 큰 것은 어느 것입니까? (　　　)

① $32+47-25$　　② $72+17-50$

③ $86-39+6$　　④ $43-41+29$

⑤ $65-27-14$

04 다음 중 계산 순서가 <u>잘못된</u> 것은 어느 것입니까? (　　　)

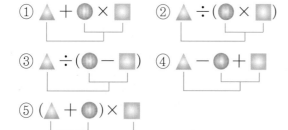

🍂 계산을 하시오. [05~06]

05 $16\times3-(73-58)$

06 $67-(24+32)\div2$

07 □ 안에 알맞은 수를 써넣으시오.

$11\times7+85\div17-64$

$=\boxed{}+85\div17-64$

$=\boxed{}+\boxed{}-64$

$=\boxed{}-64$

$=\boxed{}$

08 두 식을 보기와 같이 (　)를 사용하여 하나의 식으로 나타내시오.

보기
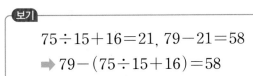

$75 \div 15 + 16 = 21$, $79 - 21 = 58$
➡ $79 - (75 \div 15 + 16) = 58$

$16 - 150 \div 25 = 10$, $55 - 10 = 45$

➡ _____

09 □ 안에 알맞은 수를 써넣으시오.

$37 + \boxed{} - 12 = 49$

10 식이 성립하도록 ○ 안에 $+$, $-$, $\times$, $\div$ 중 알맞은 기호를 써넣으시오.

$8 \times 4 \bigcirc (12 + 6) = 14$

11 두 식의 계산 결과의 차를 구하시오.

$(27 - 9) \div 3 \times 5$, $27 - 9 \div 3 \times 5$

(　　　　　)

12 식이 성립하도록 알맞은 곳에 (　) 표시를 하시오.

$6 \times 7 + 9 \div 3 \times 2 = 64$

13 계산을 하시오.

(1) $23 + (6 \times 7 - 32) \div 5$

(2) $(9 + 10) \times (21 - 12) \div 3$

14 다음 식에서 가장 먼저 계산해야 하는 것은 어느 것입니까? (　　　　)

$6 \times (15 - 6) \times 9 - 80 \div 40 + 10$

① 6×15 　　　② $15 - 6$
③ 6×9 　　　④ $80 \div 40$
⑤ $40 + 10$

15 계산 결과가 가장 큰 것부터 차례로 기호를 쓰시오.

> ㉠ $28+3\times4\div6-15$
> ㉡ $8+6\times8-(9-3)$
> ㉢ $9+(5-3)\times2+8$

(   )

16 다음 식이 성립하도록 □ 안에 알맞은 자연수를 모두 찾아 쓰시오.

> $8\times5+42\div7-6 < 9\times16\div$□

(   )

17 수빈, 영수, 정희는 함께 1그릇에 2700원 하는 팥빙수를 2그릇 사 먹었습니다. 3명이 돈을 똑같이 나누어 내기로 했다면 한 사람이 얼마씩 내면 되는지 하나의 식으로 만들어 구하시오.

식 _____

답 _____

18 영미는 문구점에서 700원짜리 공책 2권과 280원짜리 연필 5자루를 사고 3000원을 내었습니다. 거스름돈은 얼마를 받아야 하는지 하나의 식으로 만들어 구하시오.

식 _____

답 _____

19 웅이는 구슬을 44개 가지고 있습니다. 상연이는 웅이가 가진 구슬의 2배보다 8개 적게 가지고 있습니다. 동민이는 23개씩 들어 있는 구슬 주머니를 3개 가지고 있습니다. 웅이와 동민이가 가진 구슬은 상연이가 가진 구슬보다 몇 개 더 많은지 하나의 식으로 만들어 구하시오.

식 _____

답 _____

20 달걀 한 줄은 10개입니다. 달걀 6줄과 3개 중에서 5개는 깨져서 버리고, 남은 달걀로 하루에 2개씩 요리에 사용하면 며칠 동안 먹을 수 있는지 하나의 식으로 만들어 구하시오.

식 _____

답 _____

2 약수와 배수

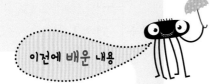

이전에 배운 내용

• 곱셈
• 나눗셈

이번에 배울 내용

다음에 배울 내용

• 약분과 통분
• 분수의 덧셈과 뺄셈
• 분수의 곱셈과 나눗셈

step 1 원리 꼼꼼

1. 약수와 배수 알아보기

♣ 약수

8÷①=8	8÷②=4	8÷3=2 ··· 2
8÷④=2	8÷5=1 ··· 3	8÷6=1 ··· 2
8÷7=1 ··· 1	8÷⑧=1	

➡ 8을 1, 2, 4, 8로 나누면 나누어떨어집니다. 이때, 1, 2, 4, 8을 8의 약수라고 합니다.

♣ 배수

4를 1배 한 수 : 4×1=4 　　　4를 2배 한 수 : 4×2=8

4를 3배 한 수 : 4×3=12 　　　4를 4배 한 수 : 4×4=16

➡ 4를 1배, 2배, 3배, 4배, ······ 한 수 4, 8, 12, 16, ······을 4의 배수라고 합니다.

원리 확인 1 6의 약수를 알아보려고 합니다. ☐ 안에 알맞은 수나 말을 써넣으시오.

(1) 6÷1=6　　　　6÷2=3　　　　6÷☐=2

　　6÷☐=1 ··· 2　　6÷☐=1 ··· 1　　6÷☐=1

(2) 6을 나누어떨어지게 하는 수 1, 2, ☐, ☐은 6의 ☐입니다.

원리 확인 2 3의 배수를 알아보려고 합니다. ☐ 안에 알맞은 수나 말을 써넣으시오.

(1) 3을 1배 한 수 : 3×1=☐　　　　3을 2배 한 수 : 3×2=☐

　　3을 3배 한 수 : 3×3=☐　　　　3을 4배 한 수 : 3×4=☐

(2) 3을 1배, 2배, 3배, 4배, ······ 한 수 ☐, ☐, ☐, ☐, ······를 3의 ☐
　　라고 합니다.

1 □ 안에 알맞은 수를 써넣고, 12의 약수를 구하시오.

$$12 \div \square = 12 \qquad 12 \div \square = 6 \qquad 12 \div \square = 4$$

$$12 \div \square = 3 \qquad 12 \div \square = 2 \qquad 12 \div \square = 1$$

12의 약수 ➡ (   )

1. 모든 자연수를 1로 나누면 나누어떨어지므로 1은 모든 자연수의 약수입니다. 따라서 ■의 약수에는 1과 ■가 항상 포함됩니다.

2
단원

2 약수를 구하시오.

(1) 15의 약수 ➡ (   )

(2) 24의 약수 ➡ (   )

3 36의 약수가 <u>아닌</u> 것을 찾아 ○표 하시오.

| 3 | 6 | 8 | 12 | 18 |

4 □ 안에 알맞은 수를 써넣으시오.

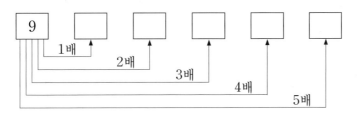

4. 9의 ●배는 9 × ●임을 이용하여 구합니다.

5의 배수 중 가장 작은 수는 뭐지?

5를 1배 한 수인 5지!

5 배수를 가장 작은 자연수부터 5개 쓰시오.

(1) 5의 배수 ➡ _____

(2) 11의 배수 ➡ _____

🍂 ☐ 안에 알맞은 수를 써넣고 약수를 구하시오. [1~4]

1 6의 약수

$6 \div \boxed{} = 6$ $6 \div \boxed{} = 3$ $6 \div \boxed{} = 2$

$6 \div \boxed{} = 1 \cdots 2$ $6 \div \boxed{} = 1 \cdots 1$ $6 \div \boxed{} = 1$

➡ 6의 약수 (   )

2 12의 약수

$12 \div \boxed{} = 12$ $12 \div \boxed{} = 6$ $12 \div \boxed{} = 4$ $12 \div \boxed{} = 3$

$12 \div \boxed{} = 2 \cdots 2$ $12 \div \boxed{} = 2$ $12 \div \boxed{} = 1 \cdots 5$ $12 \div \boxed{} = 1 \cdots 4$

$12 \div \boxed{} = 1 \cdots 3$ $12 \div \boxed{} = 1 \cdots 2$ $12 \div \boxed{} = 1 \cdots 1$ $12 \div \boxed{} = 1$

➡ 12의 약수 (   )

3 35의 약수

$35 \div \boxed{} = 35$ $35 \div \boxed{} = 7$ $35 \div \boxed{} = 5$ $35 \div \boxed{} = 1$

➡ 35의 약수 (   )

4 60의 약수

$60 \div \boxed{} = 60$ $60 \div \boxed{} = 30$ $60 \div \boxed{} = 20$ $60 \div \boxed{} = 15$

$60 \div \boxed{} = 12$ $60 \div \boxed{} = 10$ $60 \div \boxed{} = 6$ $60 \div \boxed{} = 5$

$60 \div \boxed{} = 4$ $60 \div \boxed{} = 3$ $60 \div \boxed{} = 2$ $60 \div \boxed{} = 1$

➡ 60의 약수 (   )

🍂 □ 안에 알맞은 수를 써넣으시오. [5~12]

5 2를 1배 한 수 : 2×1=□

2를 2배 한 수 : 2×2=□

2를 3배 한 수 : 2×3=□

2를 4배 한 수 : 2×4=□

⋮   ⋮

➡ 2의 배수

□, □, □, □, ……

6 5를 1배 한 수 : 5×1=□

5를 2배 한 수 : 5×2=□

5를 3배 한 수 : 5×3=□

5를 4배 한 수 : 5×4=□

⋮   ⋮

➡ 5의 배수

□, □, □, □, ……

7 7을 1배 한 수 : 7×1=□

7을 2배 한 수 : 7×2=□

7을 3배 한 수 : 7×3=□

7을 4배 한 수 : 7×4=□

⋮   ⋮

➡ 7의 배수

□, □, □, □, ……

8 12를 1배 한 수 : 12×1=□

12를 2배 한 수 : 12×2=□

12를 3배 한 수 : 12×3=□

12를 4배 한 수 : 12×4=□

⋮   ⋮

➡ 12의 배수

□, □, □, □, ……

9 9의 배수

➡ □, □, □, □, ……

10 14의 배수

➡ □, □, □, □, ……

11 15의 배수

➡ □, □, □, □, ……

12 20의 배수

➡ □, □, □, □, ……

step 1 원리 꼼꼼

2. 곱을 이용하여 약수와 배수의 관계 알아보기

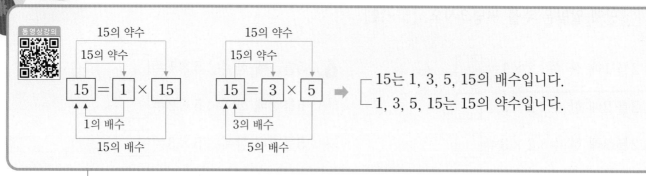

15는 1, 3, 5, 15의 배수입니다.
1, 3, 5, 15는 15의 약수입니다.

원리 확인 1

식을 보고 □ 안에 알맞은 수를 써넣으시오.

$$35=5\times7$$

(1) 35는 □, □의 배수입니다.

(2) □, □은 35의 약수입니다.

원리 확인 2

정사각형 18개로 서로 다른 직사각형을 여러 가지로 만들었습니다. 물음에 답하시오.

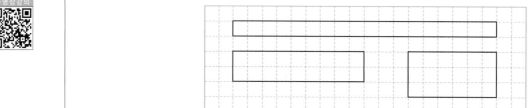

(1) 만든 서로 다른 직사각형을 보고 18을 두 수의 곱으로 나타내시오.

$$18=1\times18 \qquad 18=2\times\square \qquad 18=\square\times\square$$

(2) □ 안에 알맞은 수를 써넣으시오.

18은 1, 2, □, □, □, □의 배수입니다.

1, 2, □, □, □, □은 18의 약수입니다.

step 2 원리 탄탄

기본 문제를 통해 개념과 원리를 다져요.

1 식을 보고 □ 안에 '배수'와 '약수'를 알맞게 써넣으시오.

$$42 = 6 \times 7$$

(1) 42는 6과 7의 [　　] 입니다.

(2) 6과 7은 42의 [　　] 입니다.

> **1.** ■＝▲×● 에서 ■는 ▲와 ●의 배수이고, ▲와 ●는 ■의 약수입니다.

2 식을 보고 <u>잘못</u> 설명한 것을 찾아 (　) 안에 ×표 하시오.

$$45 = 1 \times 45 \qquad 45 = 3 \times 15 \qquad 45 = 5 \times 9$$

- 45는 9의 배수입니다.　　　　　　　　　　　　(　　　)
- 15는 45의 배수입니다.　　　　　　　　　　　　(　　　)
- 45는 45의 약수입니다.　　　　　　　　　　　　(　　　)

3 두 수가 배수와 약수의 관계인 것에 ○표 하시오.

28	8

81	9

(　　　)　　　　　(　　　)

> **3.** 두 수가 배수와 약수의 관계에 있을 때에는 큰 수를 작은 수로 나누면 나누어떨어집니다.

4 30을 두 수의 곱으로 나타낸 후, □ 안에 알맞은 수를 써넣으시오.

$$30 = 1 \times \square \qquad 30 = \square \times 15$$
$$30 = \square \times \square \qquad 30 = \square \times \square$$

30은 1, □, □, □, □, □, □ 의 배수이고,

1, □, □, □, □, □, □ 은 30의 약수입니다.

step 3 원리 척척

🍂 ☐ 안에 알맞은 수를 써넣으시오. [1~5]

1

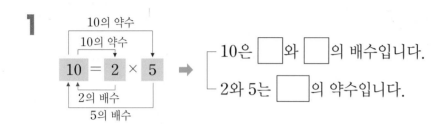

→ 10은 ☐ 와 ☐ 의 배수입니다.

2와 5는 ☐ 의 약수입니다.

2

$$14=1\times14 \qquad 14=2\times7$$

14는 ☐ , ☐ , ☐ , ☐ 의 배수입니다.

☐ , ☐ , ☐ , ☐ 는 14의 약수입니다.

3

$$18=1\times18 \qquad 18=2\times9 \qquad 18=3\times6$$

18은 ☐ , ☐ , ☐ , ☐ , ☐ , ☐ 의 배수입니다.

☐ , ☐ , ☐ , ☐ , ☐ , ☐ 은 18의 약수입니다.

4

$$45=1\times45 \qquad 45=3\times15 \qquad 45=5\times9$$

45는 ☐ , ☐ , ☐ , ☐ , ☐ , ☐ 의 배수입니다.

☐ , ☐ , ☐ , ☐ , ☐ , ☐ 는 45의 약수입니다.

5

$$70=1\times70 \qquad 70=2\times35 \qquad 70=5\times14 \qquad 70=7\times10$$

70은 ☐ , ☐ , ☐ , ☐ , ☐ , ☐ , ☐ , ☐ 의 배수입니다.

☐ , ☐ , ☐ , ☐ , ☐ , ☐ , ☐ , ☐ 은 70의 약수입니다.

약수와 배수의 관계인 것을 모두 찾아 ○표 하시오. [6~12]

6
> (10, 4)　　(5, 1)　　(9, 6)　　(8, 4)

7
> (16, 5)　　(11, 3)　　(18, 2)　　(15, 5)

8
> (12, 6)　　(21, 9)　　(25, 4)　　(28, 7)

9
> (25, 20)　　(20, 5)　　(33, 11)　　(36, 7)

10
> (40, 20)　　(72, 15)　　(36, 14)　　(54, 18)

11
> (47, 17)　　(125, 25)　　(91, 13)　　(200, 60)

12
> (8, 57)　　(3, 32)　　(12, 36)　　(15, 75)

공약수와 최대공약수

- 8의 약수 : 1, 2, 4, 8
- 20의 약수 : 1, 2, 4, 5, 10, 20

➡ 1, 2, 4는 8의 약수도 되고 20의 약수도 됩니다. 이와 같이 8과 20의 공통된 약수 1, 2, 4를 8과 20의 공약수라고 합니다. 공약수 중에서 가장 큰 수 4를 8과 20의 최대공약수라고 합니다.

공약수와 최대공약수의 관계

두 수의 공약수는 두 수의 최대공약수의 약수와 같습니다.

원리 확인 1 18과 24의 공약수와 최대공약수의 관계를 알아보려고 합니다. 물음에 답하시오.

(1) 18의 약수와 24의 약수를 각각 구하시오.

18의 약수	
24의 약수	

(2) ☐ 안에 알맞은 수나 말을 써넣으시오.

• 18의 약수도 되고 24의 약수도 되는 수 ☐, ☐, ☐, ☐이 18과 24의 공약수입니다.

• 18과 24의 공약수 중에서 가장 큰 수 ☐이 18과 24의 최대공약수입니다.

• 18과 24의 최대공약수인 ☐의 약수 ☐, ☐, ☐, ☐은 18과 24의 ☐입니다.

원리 확인 2 24와 32의 공약수는 최대공약수와 어떤 관계가 있는지 알아보려고 합니다. ☐ 안에 알맞게 써넣으시오.

(1) 24의 약수는 ☐, ☐, ☐, ☐, ☐, ☐, ☐, ☐입니다.

(2) 32의 약수는 ☐, ☐, ☐, ☐, ☐, ☐입니다.

(3) 24와 32의 공약수는 ☐, ☐, ☐, ☐입니다.

(4) 24와 32의 최대공약수는 ☐이고, 최대공약수 ☐의 약수 ☐, ☐, ☐, ☐은 24와 32의 ☐입니다.

기본 문제를 통해 개념과 원리를 다져요.

1 ☐ 안에 알맞은 수를 써넣으시오.

(1) 40의 약수 : ☐, ☐, ☐, ☐, ☐, ☐, ☐, ☐

(2) 24의 약수 : ☐, ☐, ☐, ☐, ☐, ☐, ☐, ☐

(3) 40과 24의 공약수 : ☐, ☐, ☐, ☐

(4) 40과 24의 최대공약수 : ☐

> **1.** 최대공약수 구하는 순서
> ① 두 수의 약수를 각각 구합니다.
> ② 두 수의 약수 중에서 공통된 약수를 구합니다.
> ③ 공통된 약수 중에서 가장 큰 수를 구합니다.

2
단원

2 빈 곳에 알맞은 수를 써넣으시오.

32의 약수	
48의 약수	
32와 48의 공약수	
32와 48의 최대공약수	

3 빈칸에 알맞은 수를 써넣으시오.

수	최대공약수	공약수
(42, 18)		
(50, 70)		

어떤 두 수를 모르는데 어떻게 두 수의 공약수를 구하지?

두 수의 최대공약수를 알면 구할 수 있어!

4 어떤 두 수의 최대공약수가 12일 때, 이 두 수의 공약수를 모두 구하시오.

(   )

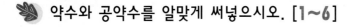

🍃 약수와 공약수를 알맞게 써넣으시오. [1~6]

1

5의 약수	
10의 약수	

➡ 5와 10의 공약수 : ☐ , ☐

2

6의 약수	
8의 약수	

➡ 6과 8의 공약수 : ☐ , ☐

3

14의 약수	
21의 약수	

➡ 14와 21의 공약수 : ☐ , ☐

4

16의 약수	
28의 약수	

➡ 16과 28의 공약수 : ☐ , ☐ , ☐

5 (33, 55) ➡ 공약수 (   )

6 (42, 56) ➡ 공약수 (   )

약수, 공약수, 최대공약수를 알맞게 써넣으시오. [7~11]

7

6의 약수	
12의 약수	

➡ 6과 12의 공약수 : ☐, ☐, ☐, ☐

➡ 6과 12의 최대공약수 : ☐

8

8의 약수	
12의 약수	

➡ 8과 12의 공약수 : ☐, ☐, ☐

➡ 8과 12의 최대공약수 : ☐

9

27의 약수	
33의 약수	

➡ 27과 33의 공약수 : ☐, ☐

➡ 27과 33의 최대공약수 : ☐

10

50의 약수	
60의 약수	

➡ 50과 60의 공약수 : ☐, ☐, ☐, ☐

➡ 50과 60의 최대공약수 : ☐

11

24의 약수	
40의 약수	

➡ 24와 40의 공약수 : ☐, ☐, ☐, ☐

➡ 24와 40의 최대공약수 : ☐

원리 꼼꼼

4. 최대공약수 구하는 방법 알아보기

🍀 두 수의 곱으로 나타낸 곱셈식을 이용하여 8과 20의 최대공약수 구하기

- $8 = 1 \times 8$ $8 = 2 \times \boxed{4}$
- $20 = 1 \times 20$ $20 = 2 \times 10$ $20 = \boxed{4} \times 5$

➡ 8과 20의 최대공약수는 두 수의 곱에서 공통으로 들어 있는 수들 중 가장 큰 수인 4입니다.

🍀 여러 수의 곱으로 나타낸 곱셈식을 이용하여 8과 20의 최대공약수 구하기

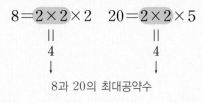

 원리 확인 **1**

32와 40의 최대공약수를 두 수의 곱으로 나타내어 구하려고 합니다. ☐ 안에 알맞은 수를 써넣으시오.

- $32 = 1 \times \boxed{}$ $32 = 2 \times \boxed{}$ $32 = 4 \times \boxed{}$
- $40 = 1 \times \boxed{}$ $40 = 2 \times \boxed{}$ $40 = 4 \times \boxed{}$ $40 = 5 \times \boxed{}$

➡ 32와 40의 최대공약수 : $\boxed{}$

원리 확인 **2**

32와 40의 최대공약수를 여러 수의 곱으로 나타내어 구하려고 합니다. ☐ 안에 알맞은 수를 써넣으시오.

- $32 = 2 \times \boxed{}$ $32 = 2 \times 2 \times \boxed{}$ $32 = 2 \times 2 \times 2 \times \boxed{}$

  $32 = 2 \times 2 \times 2 \times 2 \times \boxed{}$

- $40 = 2 \times \boxed{}$ $40 = 2 \times 2 \times \boxed{}$ $40 = 2 \times 2 \times 2 \times \boxed{}$

➡ 32와 40의 최대공약수 : $\boxed{} \times \boxed{} \times \boxed{} = \boxed{}$

원리 확인 **3**

☐ 안에 알맞은 수를 써넣으시오.

32와 40의 공약수 ➡ $\boxed{}$) 32   40

16과 $\boxed{}$ 의 공약수 ➡ $\boxed{}$) 16 $\boxed{}$

$\boxed{}$ 과 $\boxed{}$ 의 공약수 ➡ $\boxed{}$) $\boxed{}$ $\boxed{}$

➡ 32와 40의 최대공약수 :

$\boxed{}$ $\boxed{}$

$\boxed{} \times \boxed{} \times \boxed{} = \boxed{}$

원리 탄탄 기본 문제를 통해 개념과 원리를 다져요.

1 45와 60의 최대공약수를 구하려고 합니다. ☐ 안에 알맞은 수를 써넣으시오.

- 45=1×☐   45=3×☐   45=5×☐

- 60=1×☐   60=2×☐   60=3×☐

  60=4×☐   60=5×☐   60=6×☐

➡ 45와 60의 최대공약수 : ☐

1. 두 수의 곱에서 공통으로 들어 있는 수들 중 가장 큰 수를 알아봅니다.

2 12와 16의 최대공약수를 구하려고 합니다. ☐ 안에 1이 아닌 알맞은 수를 써넣으시오.

$$12=2×\boxed{}×3 \qquad 16=2×2×\boxed{}×\boxed{}$$

➡ 최대공약수 : 2×☐=☐

2. 1과 자기 자신만을 약수로 갖는 수들의 곱으로 나타낸 식에서 공통으로 들어 있는 수들을 곱하면 최대공약수가 됩니다.

3 30과 36의 최대공약수를 구하려고 합니다. ☐ 안에 알맞은 수를 써넣으시오.

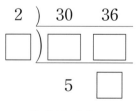

```
2 ) 30   36
☐ )☐   ☐
     5   ☐
```

➡ 최대공약수 : 2×☐=☐

3. 두 수의 공약수가 1뿐일 때까지 두 수의 공약수로 나누었을 때, 나눈 공약수들의 곱이 최대공약수가 됩니다.

4 두 수의 최대공약수를 구하시오.

(1)　　　(14, 42)　　　　　(2)　　　　(35, 50)

(　　　　　)　　　　　(　　　　　)

🍂 ☐ 안에 알맞은 수를 써넣으시오. [1~7]

1 $6 = 2 \times 3$
$10 = 2 \times 5$ ➡ 6과 10의 최대공약수 : ☐

2 $16 = 2 \times 2 \times 2 \times 2$
$24 = 2 \times 2 \times 2 \times 3$ ➡ 16과 24의 최대공약수 : ☐ $\times$ ☐ $\times$ ☐ $=$ ☐

3 $30 = 2 \times 3 \times 5$
$35 = 5 \times 7$ ➡ 30과 35의 최대공약수 : ☐

4 $42 = 2 \times 3 \times 7$
$56 = 2 \times 2 \times 2 \times 7$ ➡ 42와 56의 최대공약수 : ☐ $\times$ ☐ $=$ ☐

5 $54 = 2 \times 3 \times 3 \times 3$
$72 = 2 \times 2 \times 2 \times 3 \times 3$ ➡ 54와 72의 최대공약수 : ☐ $\times$ ☐ $\times$ ☐ $=$ ☐

6 $60 = 2 \times 2 \times 3 \times 5$
$68 = 2 \times 2 \times 17$ ➡ 60과 68의 최대공약수 : ☐ $\times$ ☐ $=$ ☐

7 $77 = 7 \times 11$
$84 = 2 \times 2 \times 3 \times 7$ ➡ 77과 84의 최대공약수 : ☐

보기와 같은 방법으로 두 수의 최대공약수를 구하시오. [8~15]

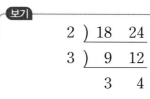

보기
$$2 \underline{)\ 18 \quad 24}$$
$$3 \underline{)\ 9 \quad 12}$$
$$ 3 \quad 4$$
최대공약수 : $2 \times 3 = 6$

8 $2 \underline{)\ 6 \quad 18}$
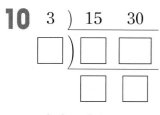

최대공약수 (   )

9 $2 \underline{)\ 14 \quad 26}$
□ □

최대공약수 (   )

10 $3 \underline{)\ 15 \quad 30}$
□) □ □
□ □

최대공약수 (   )

11 $2 \underline{)\ 28 \quad 32}$
□) □ □
□ □

최대공약수 (   )

12 $2 \underline{)\ 42 \quad 48}$
□) □ □
□ □

최대공약수 (   )

13 $3 \underline{)\ 63 \quad 84}$
□) □ □
□ □

최대공약수 (   )

14 □) 60 90
□) 30 45
□) 10 □
□ □

최대공약수 (   )

15 $2 \underline{)\ 210 \quad 350}$
□) □ □
□) □ □
□ □

최대공약수 (   )

step 1 원리 꼼꼼

5. 공배수와 최소공배수 알아보기

🍀 공배수와 최소공배수

- 4의 배수 : 4, 8, 12, 16, 20, 24, 28, 32, 36, ……
- 6의 배수 : 6, 12, 18, 24, 30, 36, 42, ……

➡ 12, 24, 36, …… 은 4의 배수도 되고 6의 배수도 됩니다. 이와 같이 4와 6의 공통된 배수 12, 24, 36, …… 을 4와 6의 공배수라고 합니다. 공배수 중에서 가장 작은 수 12를 4와 6의 최소공배수라고 합니다.

🍀 공배수와 최소공배수의 관계

두 수의 공배수는 두 수의 최소공배수의 배수와 같습니다.

4와 6의 최소공배수 : 12
4와 6의 공배수 : 12, 24, 36, ……

원리 확인 1 20과 30의 공배수는 최소공배수와 어떤 관계가 있는지 알아보시오.

> 20의 배수 : 20, 40, 60, 80, 100, 120, ……
> 30의 배수 : 30, 60, 90, 120, 150, 180, ……

(1) 20과 30의 공배수는 ☐, ☐, ……이고, 최소공배수는 ☐입니다.

(2) 20과 30의 최소공배수 ☐의 배수는 ☐, ☐, ……이고, 이것은 20과 30의 ☐와 같습니다.

원리 확인 2 2와 5의 공배수와 최소공배수의 관계를 알아보려고 합니다. 물음에 답하시오.

(1) 표의 빈칸에 2의 배수와 5의 배수를 가장 작은 수부터 써넣으시오.

2의 배수	2	4	6					……
5의 배수	5	10						……

(2) ☐ 안에 알맞은 수나 말을 써넣으시오.

- 2의 배수도 되고 5의 배수도 되는 수 ☐, ☐, ……이 2와 5의 공배수입니다.
- 2와 5의 공배수 중에서 가장 작은 수 ☐이 2와 5의 최소공배수입니다.
- 2와 5의 최소공배수인 ☐의 배수 ☐, ☐, ……은 2와 5의 ☐입니다.

기본 문제를 통해 개념과 원리를 다져요.

1 □ 안에 알맞은 수를 써넣으시오.

(1) 4의 배수 : ☐, ☐, ☐, ☐, ☐, ☐, ☐, ……

(2) 8의 배수 : ☐, ☐, ☐, ☐, ☐, ……

(3) 4와 8의 공배수 : ☐, ☐, ……

(4) 4와 8의 최소공배수 : ☐

1. 최소공배수 구하는 순서
① 두 수의 배수를 각각 구합니다.
② 두 수의 배수 중에서 공통된 배수를 구합니다.
③ 공통된 배수 중에서 가장 작은 수를 구합니다.

2
단원

2 □ 안에 알맞은 수를 써넣으시오.

10의 배수 : 10, 20, ☐, ☐, ☐, ☐, ……

15의 배수 : 15, ☐, ☐, ☐, ☐, ……

10과 15의 공배수 : ☐, ☐, ……

10과 15의 최소공배수 : ☐

3 빈칸에 알맞은 수를 써넣으시오. (단, 공배수는 가장 작은 수부터 3개만 구하시오.)

수	최소공배수	공배수
(8, 16)		
(42, 14)		

4 어떤 두 수의 최소공배수가 21일 때, 이 두 수의 공배수를 가장 작은 수부터 5개 구하시오.

( )

🍂 □ 안에 알맞은 수를 써넣으시오. [1~5]

1 8의 배수 : 8, □, □, □, □, □, ……

  12의 배수 : 12, □, □, □, □, □, ……

  ➡ 8과 12의 공배수 : □, □, ……

2 13의 배수 : 13, □, □, □, □, □, □, ……

  26의 배수 : 26, □, □, □, ……

  ➡ 13과 26의 공배수 : □, □, □, ……

3 16의 배수 : 16, □, □, □, □, □, ……

  24의 배수 : 24, □, □, □, ……

  ➡ 16과 24의 공배수 : □, □, ……

4 (30, 20) ➡ 공배수 : □, □, □, ……

5 (42, 63) ➡ 공배수 : □, □, □, ……

🍃 □ 안에 알맞은 수를 써넣으시오. [6~9]

6
5의 배수 : 5, □, □, □, □, □, ······
10의 배수 : 10, □, □, □, □, ······
➡ 5와 10의 공배수 : □, □, □, ······
➡ 5와 10의 최소공배수 : □

7
6의 배수 : 6, □, □, □, □, □, □, ······
12의 배수 : 12, □, □, □, □, ······
➡ 6과 12의 공배수 : □, □, □, ······
➡ 6과 12의 최소공배수 : □

8
18의 배수 : 18, □, □, □, □, □, □, □, ······
24의 배수 : 24, □, □, □, □, ······
➡ 18과 24의 공배수 : □, □, ······
➡ 18과 24의 최소공배수 : □

9
9의 배수 : 9, □, □, □, □, □, □, □, ······
12의 배수 : 12, □, □, □, □, ······
➡ 9와 12의 공배수 : □, □, ······
➡ 9와 12의 최소공배수 : □

6. 최소공배수 구하는 방법 알아보기

🍀 **두 수의 곱으로 나타낸 곱셈식을 이용하여 최소공배수 구하기**

- 8과 20의 최소공배수 구하기

$8=1×8$ $8=2× \boxed{4}$

$20=1×20$ $20=2×10$ $20= \boxed{4} ×5$

➡ 공통인 가장 큰 수가 들어 있는 $8=2×4$, $20=4×5$에서 공통인 수와 나머지 수를 곱하면
$4×2×5=40$입니다.

➡ 40은 8과 20의 최소공배수입니다.

🍀 **여러 수의 곱으로 나타낸 곱셈식을 이용하여 최소공배수 구하기**

$8=\underline{2×2}×2$ $20=\underline{2×2}×5$

$\underline{2×2}×2×5=40 →$ 8과 20의 최소공배수

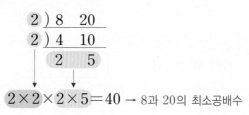

$2×2×2×5=40 →$ 8과 20의 최소공배수

 원리 확인 ❶

두 수의 곱으로 나타낸 곱셈식을 이용하여 24와 40의 최소공배수를 구하려고 합니다.
☐ 안에 알맞은 수를 써넣으시오.

- $24=1× \boxed{}$ $24=2× \boxed{}$ $24=3× \boxed{}$ $24=4× \boxed{}$
- $40=1× \boxed{}$ $40=2× \boxed{}$ $40=4× \boxed{}$ $40=5× \boxed{}$

➡ 공통인 가장 큰 수가 들어 있는 $24=3× \boxed{}$, $40=5× \boxed{}$에서

최소공배수는 $\boxed{} ×3×5= \boxed{}$입니다.

원리 확인 ❷

여러 수의 곱으로 나타낸 곱셈식을 이용하여 24와 40의 최소공배수를 구하려고 합니다. ☐ 안에 알맞은 수를 써넣으시오.

- $24=2×2×2× \boxed{}$ $40=2×2×2× \boxed{}$

➡ 공통으로 들어 있는 곱셈식은 $\boxed{} × \boxed{} × \boxed{}$이므로 공통인 곱셈식에

남은 수 $\boxed{}$, $\boxed{}$를 곱하면 24와 40의 최소공배수는

$\boxed{} × \boxed{} × \boxed{} × \boxed{} × \boxed{} = \boxed{}$입니다.

기본 문제를 통해 개념과 원리를 다져요.

1 14와 35의 최소공배수를 구하려고 합니다. ☐ 안에 알맞은 수를 써넣으시오.

$$14 = 2 \times \boxed{} \qquad 35 = 5 \times \boxed{}$$

➡ 최소공배수 : $\boxed{} \times \boxed{} \times \boxed{} = \boxed{}$

> **1.** 1과 자기 자신만을 약수로 갖는 수들의 곱으로 나타낸 식에서 공통으로 들어 있는 수들과 나머지 수를 곱하면 최소공배수가 됩니다.

2 27과 45를 여러 수의 곱으로 나타낸 곱셈식을 이용하여 최소공배수를 구하려고 합니다. ☐ 안에 알맞은 수를 써넣으시오.

- $27 = 3 \times \boxed{} = 3 \times \boxed{} \times \boxed{}$

- $45 = 3 \times \boxed{} = 3 \times \boxed{} \times \boxed{}$

➡ 공통으로 들어 있는 곱셈식은 $\boxed{} \times \boxed{}$ 이므로

27과 45의 최소공배수는 $\boxed{} \times \boxed{} \times \boxed{} \times \boxed{} = \boxed{}$ 입니다.

3 28과 42의 최소공배수를 구하려고 합니다. ☐ 안에 알맞은 수를 써넣으시오.

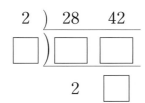

➡ 최소공배수 : $2 \times \boxed{} \times 2 \times \boxed{} = \boxed{}$

> **3.** 두 수의 공약수가 1뿐일 때까지 두 수의 공약수로 나누었을 때, 나눈 공약수들의 곱과 몫을 곱하면 최소공배수가 됩니다.

4 두 수의 최소공배수를 구하시오.

(1) (9, 12) (2) (24, 30)

( ) ( )

🍃 □ 안에 알맞은 수를 써넣으시오. [1~7]

1 $\left. \begin{array}{l} 4=2\times 2 \\ 6=2\times 3 \end{array} \right\}$ ➡ 4와 6의 최소공배수 : $\boxed{}\times\boxed{}\times\boxed{}=\boxed{}$

2 $\left. \begin{array}{l} 10=2\times 5 \\ 20=2\times 2\times 5 \end{array} \right\}$ ➡ 10과 20의 최소공배수 : $\boxed{}\times\boxed{}\times\boxed{}=\boxed{}$

3 $\left. \begin{array}{l} 15=3\times 5 \\ 27=3\times 3\times 3 \end{array} \right\}$ ➡ 15와 27의 최소공배수 : $\boxed{}\times\boxed{}\times\boxed{}\times\boxed{}=\boxed{}$

4 $\left. \begin{array}{l} 18=2\times 3\times 3 \\ 22=2\times 11 \end{array} \right\}$ ➡ 18과 22의 최소공배수 : $\boxed{}\times\boxed{}\times\boxed{}\times\boxed{}=\boxed{}$

5 $\left. \begin{array}{l} 30=2\times 3\times 5 \\ 42=2\times 3\times 7 \end{array} \right\}$ ➡ 30과 42의 최소공배수 : $\boxed{}\times\boxed{}\times\boxed{}\times\boxed{}=\boxed{}$

6 $\left. \begin{array}{l} 24=2\times 2\times 2\times 3 \\ 36=2\times 2\times 3\times 3 \end{array} \right\}$ ➡ 24와 36의 최소공배수 : $\boxed{}\times\boxed{}\times\boxed{}\times\boxed{}\times\boxed{}=\boxed{}$

7 $\left. \begin{array}{l} 84=2\times 2\times 3\times 7 \\ 60=2\times 2\times 3\times 5 \end{array} \right\}$ ➡ 84와 60의 최소공배수 : $\boxed{}\times\boxed{}\times\boxed{}\times\boxed{}\times\boxed{}=\boxed{}$

🍂 최대공약수와 최소공배수를 구해 보시오. [8~17]

8 $)\,6\quad 9$

최대공약수 (　　　　　)
최소공배수 (　　　　　)

9 $)\,10\quad 15$

최대공약수 (　　　　　)
최소공배수 (　　　　　)

10 $)\,14\quad 21$

최대공약수 (　　　　　)
최소공배수 (　　　　　)

11 $)\,18\quad 48$

최대공약수 (　　　　　)
최소공배수 (　　　　　)

12 $)\,28\quad 30$

최대공약수 (　　　　　)
최소공배수 (　　　　　)

13 $)\,42\quad 56$

최대공약수 (　　　　　)
최소공배수 (　　　　　)

14 $)\,45\quad 75$

최대공약수 (　　　　　)
최소공배수 (　　　　　)

15 $)\,60\quad 90$

최대공약수 (　　　　　)
최소공배수 (　　　　　)

16 $)\,50\quad 60$

최대공약수 (　　　　　)
최소공배수 (　　　　　)

17 $)\,48\quad 66$

최대공약수 (　　　　　)
최소공배수 (　　　　　)

01 □ 안에 알맞은 수를 써넣으시오.

$6 \div 1 = 6$ $6 \div 2 = \boxed{}$

$6 \div 3 = \boxed{}$ $6 \div \boxed{} = 1 \cdots 2$

$6 \div 5 = \boxed{} \cdots 1$ $6 \div 6 = 1$

➡ 6을 나누어 떨어지게 하는 수 1, 2, $\boxed{}$, $\boxed{}$ 은 6의 약수입니다.

02 다음 중 36의 약수가 <u>아닌</u> 것은 어느 것입니까? (   )

① 3   ② 4   ③ 8

④ 12   ⑤ 18

03 배수를 가장 작은 자연수부터 4개 쓰시오.

(1) 7의 배수 : (   )

(2) 19의 배수 : (   )

(3) 23의 배수 : (   )

04 다음에서 3의 배수는 모두 몇 개입니까?

51	432	
301102	8	6064
60	92345	

(   )

05 □ 안에 알맞은 수를 써넣으시오.

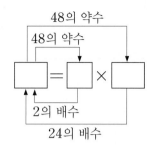

➡ $\boxed{}$ 은 2와 24의 배수입니다.

$\boxed{}$ 와 $\boxed{}$ 는 48의 약수입니다.

06 식을 보고 □ 안에 알맞은 말을 써넣으시오.

$$28 = 1 \times 28, \ 28 = 2 \times 14, \ 28 = 4 \times 7$$

(1) 28은 1, 2, 4, 7, 14, 28의 $\boxed{}$ 입니다.

(2) 1, 2, 4, 7, 14, 28은 28의 $\boxed{}$ 입니다.

07 두 수가 서로 약수와 배수의 관계인 것을 모두 고르시오. (   )

① (7, 45)   ② (1, 36)   ③ (50, 30)

④ (6, 32)   ⑤ (13, 65)

08 왼쪽 수가 오른쪽 수의 배수일 때, □ 안에 알맞은 수를 모두 구하시오.

$$35, \ \boxed{}$$

(   )

09 16과 24의 최대공약수를 구하려고 합니다. □ 안에 알맞은 수나 말을 써넣으시오.

> 16과 24의 공통된 약수 □, □, □, □을 16과 24의 공약수라고 하고, 이 중 가장 큰 수 □을 16과 24의 □라고 합니다.

10 30과 40의 공약수와 최대공약수를 구하시오.

(1) 30의 약수 : (   )

(2) 40의 약수 : (   )

(3) 30과 40의 공약수 : (   )

(4) 30과 40의 최대공약수 : (   )

11 보기 와 같은 방법으로 두 수의 최대공약수를 구하시오.

> 보기
>
> ```
> 3 ) 15   30
> 5 )  5   10      ➡ 최대공약수 :
>      1    2          3×5=15
> ```

>)18   27   ➡ 최대공약수 :
> _____

12 어떤 두 수의 최대공약수는 16입니다. 이 두 수의 공약수를 모두 구하시오.

(   )

13 10과 15의 최소공배수를 구하려고 합니다. □ 안에 알맞은 수나 말을 써넣으시오.

> 10과 15의 공통된 배수 30, 60, … 등을 10과 15의 □ 라고 하고, 이 중 가장 작은 수 □을 10과 15의 □ 라고 합니다.

14 50보다 작은 6과 8의 공배수와 최소공배수를 구하시오.

(1) 6의 배수 : (   )

(2) 8의 배수 : (   )

(3) 6과 8의 공배수 : (   )

(4) 6과 8의 최소공배수 : (   )

15 12와 72의 최소공배수를 구하려고 합니다. □ 안에 알맞은 수를 써넣으시오.

> $12=2×2×3$ $72=2×2×2×3×3$

➡ 12와 72의 최소공배수 :
  $2×2×$ □ $×$ □ $×$ □ $=$ □

16 어떤 두 수의 최소공배수가 다음과 같을 때, 두 수의 공배수를 가장 작은 수부터 4개씩 빈칸에 써넣으시오.

최소공배수	공배수
42	
92	

01 ☐ 안에 알맞은 수를 써넣고 18의 약수를 구하시오.

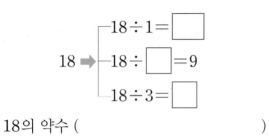

$$18 \Rightarrow \begin{cases} 18 \div 1 = \boxed{} \\ 18 \div \boxed{} = 9 \\ 18 \div 3 = \boxed{} \end{cases}$$

18의 약수 (   )

02 약수를 구하시오.

(1) 54의 약수

  ➡ (   )

(2) 100의 약수

  ➡ (   )

03 6의 배수를 모두 찾아 ○표 하시오.

12 20 36 40 50 72

04 배수를 가장 작은 수부터 5개 쓰시오.

(1) 4의 배수

  ➡ (   )

(2) 11의 배수

  ➡ (   )

05 2의 배수를 모두 찾아 ○표 하시오.

11 17 40 38 9 100

06 1부터 100까지의 자연수 중에서 3의 배수는 모두 몇 개입니까?

(   )

07 120부터 130까지의 자연수 중에서 다음의 배수를 모두 구하시오.

(1) 4의 배수 (   )

(2) 5의 배수 (   )

08 □ 안에 알맞은 말을 써넣으시오.

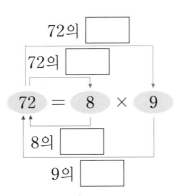

09 □ 안에 알맞은 수를 써넣으시오.

$$21=1\times21 \qquad 21=3\times7$$

(1) 21은 □, □, □, □의 배수입니다.

(2) □, □, □, □은 21의 약수입니다.

10 약수와 배수의 관계인 것은 어느 것입니까? (   )

① (10, 4)   ② (15, 3)

③ (22, 6)   ④ (36, 7)

⑤ (48, 11)

11 두 수의 공약수를 모두 구하시오.

(1) (9, 12) ➡ (   )

(2) (36, 6) ➡ (   )

12 두 수의 최대공약수를 구하려고 합니다. □ 안에 알맞은 수를 써넣으시오.

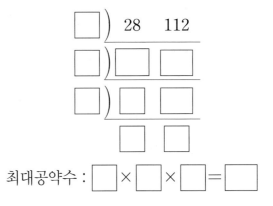

최대공약수 : □ × □ × □ = □

13 두 수의 최대공약수를 구하시오.

(1) (45, 27) ➡ (   )

(2) (11, 33) ➡ (   )

14 두 수의 공배수를 가장 작은 수부터 3개 쓰시오.

(1) (16, 32) ➡ (   )

(2) (45, 20) ➡ (   )

15 두 수의 최소공배수를 구하려고 합니다. □ 안에 알맞은 수를 써넣으시오.

$$\begin{array}{r} \boxed{}\,)\;\overline{\;44\quad 66\;} \\ \boxed{}\,)\;\overline{\boxed{}\quad\boxed{}} \\ \boxed{}\quad\boxed{} \end{array}$$

최소공배수
➡ □ × □ × □ × □ = □

16 두 수의 최소공배수를 구하시오.

(1) (21, 35) ➡ (   )

(2) (18, 24) ➡ (   )

🍂 □ 안에 알맞은 수를 써넣고 최대공약수와 최소공배수를 구하시오. [17~18]

17

$$\begin{array}{r} \boxed{}\,)\;\overline{\;28\quad 35\;} \\ \boxed{}\quad\boxed{} \end{array}$$

최대공약수 (   )

최소공배수 (   )

18

$$\begin{array}{r} \boxed{}\,)\;\overline{\;30\quad 48\;} \\ \boxed{}\,)\;\overline{\boxed{}\quad\boxed{}} \\ \boxed{}\quad\boxed{} \end{array}$$

최대공약수 (   )

최소공배수 (   )

🍂 빈칸에 알맞은 수를 써넣으시오. [19~20]

19

수	공약수	최대공약수
(10, 100)		

20

수	공배수(3개)	최소공배수
(25, 70)		

3 규칙과 대응

이번에 배울 내용

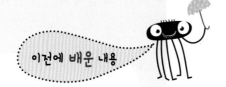
이전에 배운 내용

• 규칙 찾기
• 규칙에 따라 배열하기
• 규칙을 설명하기
• 규칙을 수로 나타내기

1 두 수 사이의 관계 알아보기

2 대응 관계를 식으로 나타내는 방법 알아보기

3 생활 속에서 대응 관계를 찾아 식으로 나타내기

• 두 양 사이의 관계를 비로 나타내기

다음에 배울 내용

🍀 자른 횟수와 색 테이프 도막의 수 사이의 관계

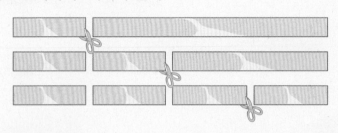

자른 횟수(번)	1	2	3	4	5	6
도막의 수(도막)	2	3	4	5	6	7

-1 ( ) $+1$

• 자른 횟수가 1번 늘어나면 색 테이프 도막의 수도 1도막 늘어납니다.
• 색 테이프 도막의 수는 자른 횟수보다 1 많습니다.
• 자른 횟수는 색 테이프 도막의 수보다 1 적습니다.

원리 확인 1

병아리의 수와 병아리의 다리 수 사이의 관계를 나타낸 표입니다. ☐ 안에 알맞은 수를 써넣으시오.

병아리의 수(마리)	1	2	3	4	5
다리 수(개)	2	4	6	8	

(1) 병아리의 수가 1씩 늘어나면 병아리의 다리 수는 ☐ 씩 늘어납니다.

(2) 병아리가 5마리이면 병아리의 다리 수는 ☐ 개입니다.

(3) 병아리의 다리 수는 병아리의 수의 ☐ 배입니다.

(4) 병아리의 수는 병아리의 다리 수를 ☐ 로 나눈 몫입니다.

원리 확인 2

개미의 수와 개미의 다리 수 사이의 관계를 나타낸 표입니다. 빈칸에 알맞은 수를 써넣으시오.

개미의 수(마리)	1	2	3	4	5
다리 수(개)	6	12	18		

🍂 윤아의 나이가 11살일 때, 오빠의 나이는 15살이었습니다. 윤아의 나이와 오빠의 나이 사이의 관계를 알아보려고 합니다. 물음에 답하시오.

[1~3]

윤아의 나이(살)	11	12	13	14	15
오빠의 나이(살)	15	16			

1 표의 빈칸에 알맞은 수를 써넣으시오.

2 윤아의 나이와 오빠의 나이 사이의 관계를 말해 보시오.

( )

3 윤아의 나이가 20살이면 오빠의 나이는 몇 살입니까?

( )

4 삼각형의 수와 삼각형의 꼭짓점의 수 사이의 관계를 나타낸 표입니다. 표를 완성하고 ☐ 안에 알맞은 수를 써넣으시오.

4. 삼각형에는 3개의 변과 3개의 꼭짓점이 있습니다.

삼각형의 수(개)	1	2	3	4	5
꼭짓점의 수(개)	3	6			

(1) 삼각형의 꼭짓점의 수는 삼각형의 수의 ☐ 배입니다.

(2) 삼각형의 수는 삼각형의 꼭짓점의 수를 ☐ 으로 나눈 몫입니다.

5 표를 보고 ▦와 ▲ 사이의 관계를 말해 보시오.

(1)

▦	1	2	3	4	5	6
▲	6	7	8	9	10	11

( )

(2)

▦	3	6	9	12	15	18
▲	1	2	3	4	5	6

( )

step 3 원리 척척

🍂 그림을 보고 표를 완성하시오. [1~6]

1

오리의 수(마리)	1	2	3	4	5	6
오리 다리의 수(개)	2	4				

2

자전거의 수(대)	1	2	3	4	5	6
자전거 바퀴의 수(개)	3	6				

3

자동차의 수(대)	1	2	3	4	5	6
자동차 바퀴의 수(개)	4	8				

4

벌의 수(마리)	1	2	3	4	5	6
벌의 다리 수(개)	6	12				

5

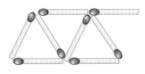

삼각형의 수(개)	2	3	4	5	6	7
성냥개비의 수(개)	5	7				

6

도화지의 수(장)	3	4	5	6	7	8
누름 못의 수(개)	4	5				

🍂 □와 △ 사이의 대응 관계를 써 보시오. [7~12]

7

□	1	2	3	4	5	6	7	8
△	3	4	5	6	7	8	9	10

(   )

8

□	3	4	5	6	7	8	9	10
△	6	7	8	9	10	11	12	13

(   )

9

□	10	9	8	7	6	5	4	3
△	8	7	6	5	4	3	2	1

(   )

10

□	7	8	9	10	11	12	13	14
△	12	13	14	15	16	17	18	19

(   )

11

□	1	2	3	4	5	6	7	8
△	4	8	12	16	20	24	28	32

(   )

12

□	2	4	6	8	10	12	14	16
△	6	12	18	24	30	36	42	48

(   )

step 1 원리 꼼꼼

2. 대응 관계를 식으로 나타내는 방법 알아보기

🍀 두 수 사이의 대응 관계를 식으로 나타내기

표를 보고 ■와 ▲ 사이의 대응 관계를 식으로 나타냅니다.

■	2	3	4	5	6	7	8
▲	1	2	3	4	5	6	7

➡ ■ = ▲ + 1 또는 ▲ = ■ − 1

■	1	2	3	4	5	6	7
▲	3	6	9	12	15	18	21

➡ ▲ = ■ × 3 또는 ■ = ▲ ÷ 3

원리 확인 1

한초의 나이가 10살일 때, 동생의 나이는 7살이었습니다. 한초의 나이와 동생의 나이는 어떤 관계가 있는지 알아보시오.

(1) 한초가 12살이 되면 동생은 ☐살이 됩니다.

(2) 한초의 나이와 동생의 나이 사이의 관계를 생각하여 표를 완성하시오.

한초의 나이(살)	10	11	12	13	14	15	···
동생의 나이(살)	7	8					···

(3) 한초의 나이는 동생보다 ☐살 더 많습니다.

(4) 한초의 나이를 ■, 동생의 나이를 ▲라 할 때, ■와 ▲ 사이의 관계를 식으로 나타내면 ■ = ☐ + ☐ 또는 ▲ = ☐ − ☐ 입니다.

원리 확인 2

가영이는 고무줄 한 개에 구슬을 2개씩 끼워서 머리 방울을 만들고 있습니다. 고무줄의 수와 필요한 구슬의 수 사이에는 어떤 관계가 있는지 알아보시오.

(1) 필요한 구슬의 수는 고무줄의 수의 ☐배입니다.

(2) 고무줄의 수를 ■, 필요한 구슬의 수를 ▲라 할 때, ■와 ▲ 사이의 관계를 식으로 나타내면 ■ = ☐ ÷ ☐ , 또는 ▲ = ☐ × ☐ 입니다.

1 표를 보고 두 수 사이의 관계를 식으로 나타내시오.

■	4	5	6	7	8	9	10
★	10	11	12	13	14	15	16

( )

두 수의 공통인 규칙을 알아보고 식으로 나타내 봐.

2 개미의 수와 개미의 다리 수 사이의 관계를 나타낸 표입니다. 물음에 답하시오.

개미의 수(마리)	0	1	2	3	4	5	6
다리 수(개)	0	6					

(1) 빈칸에 알맞은 수를 써넣으시오.
(2) 개미의 수와 개미의 다리 수 사이의 관계를 식으로 나타내시오.

( )

🍃 표를 완성하고 ▲와 ● 사이의 관계를 식으로 나타내시오. [3~5]

3

▲	1	2	3	4	5	6	7	8
●	5	10			25			

( )

3. 대응되는 두 수에서 공통인 규칙이 무엇인지 알아봅니다.

4

▲	4	8	12	16	20	24	28	32
●	0	4	8					

( )

5

▲	0	1	2	3	4	⋯	14	15	16	17	18
●	30	29	28			⋯					12

( )

🍃 □와 △ 사이의 대응 관계를 식으로 나타내어 보시오. [1~6]

1

□	2	3	4	5	6	7	8	9
△	7	8	9	10	11	12	13	14

( )

2

□	3	5	7	9	11	13	15	17
△	1	3	5	7	9	11	13	15

( )

3

□	1	2	3	4	5	6	7	8
△	4	5	6	7	8	9	10	11

( )

4

□	8	9	10	11	12	13	14	15
△	2	3	4	5	6	7	8	9

( )

5

□	20	19	18	17	16	15	14	13
△	10	9	8	7	6	5	4	3

( )

6

□	19	17	15	13	11	9	7	5
△	1	3	5	7	9	11	13	15

( )

◎와 ♥ 사이의 대응 관계를 식으로 나타내어 보시오. [7~12]

7

◎	1	2	3	4	5	6	7	8
♥	3	6	9	12	15	18	21	24

(   )

8

◎	3	6	9	12	15	18	21	24
♥	6	12	18	24	30	36	42	48

(   )

9

◎	7	14	21	28	35	42	49	56
♥	1	2	3	4	5	6	7	8

(   )

10

◎	1	2	3	4	5	6	7	8
♥	8	16	24	32	40	48	56	64

(   )

11

◎	81	72	63	54	45	36	27	18
♥	9	8	7	6	5	4	3	2

(   )

12

◎	1	2	4	6	8	12	24	48
♥	48	24	12	8	6	4	2	1

(   )

원리 꼼꼼

3. 생활 속에서 대응 관계를 찾아 식으로 나타내기

🍀 **생활 속에서 대응 관계를 찾아 식으로 나타내기**

사과 수(개)	1	2	3	4	5
판매 금액(원)	2000	4000	6000	8000	10000

참고 같은 두 양의 대응 관계를 나타내는 식이라도 기준이 무엇인가에 따라 표현된 식이 다릅니다.

• 팔린 사과의 수가 1개씩 늘어날 때마다 판매 금액은 2000원씩 늘어납니다.
• 팔린 사과 수를 ■, 판매 금액을 ▲라 할 때 두 양 사이의 대응 관계를 식으로 나타내면
  ▲ = ■ × 2000 또는 ■ = ▲ ÷ 2000입니다.

 원리 확인 1 단추의 수와 구멍의 수 사이의 대응 관계를 나타낸 표입니다. ☐ 안에 알맞은 수를 써넣으시오.

단추의 수(개)	1	2	3	4	5
구멍의 수(개)	4	8	12		

(1) 단추의 수가 1개 늘어나면 구멍의 수는 ☐개 늘어납니다.

(2) 단추의 수가 4개이면 구멍의 수는 ☐개입니다.

(3) 단추의 수가 5개이면 구멍의 수는 ☐개입니다.

(4) 단추의 수와 구멍의 수 사이의 대응 관계를 설명해 보시오.

> 구멍의 수는 단추의 수의 ☐배입니다.
>
> 또는 단추의 수는 구멍의 수를 ☐로 나눈 몫입니다.

(5) 단추의 수를 ★, 구멍의 수를 ◯라 할 때 두 수 사이의 대응 관계를 식으로 나타내어 보시오.

> ◯ = ★ × ☐ 또는 ★ = ◯ ÷ ☐

🍂 맛나 제과점에서는 빵을 7개씩 한 봉지에 담아 팝니다. 파는 빵 봉지의 수와 빵의 수 사이에는 어떤 대응 관계가 있는지 알아보시오. [1~4]

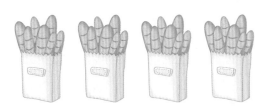

3
단원

1 봉지가 1봉지씩 늘어날 때마다 빵의 수는 몇 개씩 늘어납니까?

( )

2 봉지의 수와 빵의 수 사이의 대응 관계를 표로 나타내어 보시오.

봉지의 수(봉지)	1	2	3	4	5	6
빵의 수(개)	7	14				

2. 봉지의 수가 1개씩 늘어날 때마다 빵의 수는 어떻게 변하는지 알아봅니다.

3 봉지의 수와 빵의 수 사이의 대응 관계를 써 보시오.

• (빵의 수)=(봉지의 수)× ☐

• (봉지의 수)=(빵의 수)÷ ☐

4 봉지의 수를 ★, 빵의 수를 ●라 할 때 ★과 ● 사이의 대응 관계를 식으로 나타내어 보시오.

●=( )

★=( )

step 3 원리 척척

🌿 가영이네 반 학생들은 놀이 공원에 갔습니다. 입장객 수와 입장료 사이의 대응 관계를 나타낸 표를 보고 물음에 답하시오. [1~3]

입장객 수(명)	1	2	3	4	5	……
입장료(원)	2000	4000	6000			……

1 위 대응표의 빈칸에 알맞은 수를 써 넣으시오.

2 입장객 수를 ■, 입장료를 ▲라 할 때 ■와 ▲ 사이의 대응 관계를 식으로 나타내시오.

( )

3 놀이 공원에 간 가영이네 반 학생이 모두 23명이라면 입장료로 얼마를 내야 합니까?

( )

🌿 미술 시간에 꽃 한 송이에 꽃잎이 6장이 되도록 꽃을 만들었습니다. 물음에 답하시오. [4~7]

4 꽃의 수를 ○, 꽃잎의 수를 ◇라 할 때 ○와 ◇ 사이의 대응 관계를 표로 나타내어 보시오.

○	1	2	3	4	5	6	7	8
◇								

5 꽃의 수를 ○, 꽃잎의 수를 ◇라 할 때 ○와 ◇ 사이의 대응 관계를 식으로 나타내어 보시오.

( )

6 꽃이 10송이라면 꽃잎은 몇 장입니까?

( )

7 꽃잎이 72장이라면 꽃은 몇 송이입니까?

( )

🍂 언니의 나이가 10살일 때, 동생의 나이는 6살이었습니다. 언니의 나이와 동생의 나이 사이의 대응 관계를 나타낸 표를 보고 물음에 답하시오. [8~11]

언니의 나이(살)	10	11	12	13	14	15
동생의 나이(살)	6	7				

8 위 대응표의 빈칸에 알맞은 수를 써넣으시오.

9 언니의 나이를 ★, 동생의 나이를 ◉라 할 때 ★와 ◉ 사이의 대응 관계를 식으로 나타내시오.

(   )

10 언니의 나이가 20살일 때 동생의 나이는 몇 살입니까?

(   )

11 동생의 나이가 30살일 때 언니의 나이는 몇 살입니까?

(   )

🍂 그림과 같이 책상을 옆으로 나란히 붙여서 각 학급 대표들이 회의를 하려고 합니다. 책상의 수와 앉을 수 있는 사람 수 사이의 대응 관계를 알아보려고 합니다. 물음에 답하시오. [12~14]

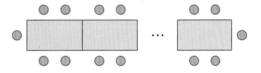

12 다음 대응표를 완성하시오.

책상 수(개)	1	2	3	4	5	……
학생 수(명)	6	10				……

13 책상 수를 ▓, 학생 수를 ●라 할 때 ▓와 ● 사이의 대응 관계를 식으로 나타내시오.

(   )

14 책상이 12개일 때 앉을 수 있는 학생 수는 몇 명입니까?

(   )

01 긴 의자에 6명의 사람이 앉을 수 있습니다. 빈칸에 알맞은 수를 써넣으시오.

긴 의자 수(개)	1	2	3	4	5	6	7
사람 수(명)							

02 세발자전거의 바퀴 수를 나타낸 표입니다. 빈칸에 알맞은 수를 써넣고 세발자전거의 수와 바퀴 수 사이의 관계를 말해 보시오.

세발자전거 수(대)	1	2	3	4	5	6	7
바퀴 수(개)				12	15		

_____

_____

03 빈칸에 알맞은 수를 써넣고 ◎와 ▽ 사이의 관계를 말해 보시오.

◎	4	5	6	7	8	9	10
▽	8	9					

( )

04 그림을 보고 빈칸에 알맞은 수를 써넣으시오.

사각형의 수(개)	1	2	3	4	5	6	7
성냥개비의 수(개)	4	7	10				

05 표를 보고 두 수 사이의 관계를 식으로 나타내시오.

★	3	4	5	6	7	8	9
■	0	1	2	3	4	5	6

( )

06 표를 완성하고 오각형의 수와 오각형의 변의 수 사이의 관계를 식으로 나타내시오.

오각형의 수(개)	1	2	3	4	5	6
변의 수(개)	5	10				

( )

07 표를 완성하고 ●와 ▲ 사이의 관계를 식으로 나타내시오.

●	5	6	7	8	9	10
▲	12	13	14			

( )

08 상자 한 개에 구슬이 8개씩 들어 있습니다. 상자의 수를 □, 구슬의 수를 △라고 할 때, □와 △ 사이의 관계를 식으로 나타내시오.

( )

서울과 파리의 시각 사이의 대응 관계를 나타낸 표입니다. 표를 보고 물음에 답하시오. [09~12]

서울	오전 8시	오전 9시	오전 10시	오전 11시	낮 12시		오후 2시
파리			오전 3시	오전 4시	오전 5시	오전 6시	

09 표의 빈칸에 알맞게 써넣으시오.

10 서울의 시각을 ■, 파리의 시각을 ●라 할 때 ■와 ● 사이의 대응 관계를 식으로 나타내시오.

( )

11 서울의 시각이 오후 5시일 때 파리의 시각을 구하시오.

( )

12 파리의 시각이 오후 3시일 때 서울의 시각을 구하시오.

( )

꼬치 한 개에 어묵 8조각을 꽂아 어묵꼬치를 만들었습니다. 어묵 꼬치 1개에 1000원이라고 할 때 물음에 답하시오. [13~16]

어묵 꼬치 수(■)	1	2	3	4
어묵 조각 수(▲)	8	16		
어묵 꼬치 가격(●)	1000	2000		

13 표의 빈칸에 알맞은 수를 써넣으시오.

14 어묵 꼬치 수(■)와 어묵 조각 수(▲) 사이의 대응 관계를 식으로 나타내시오.

( )

15 어묵 꼬치 수(■)와 어묵 꼬치 가격(●) 사이의 대응 관계를 식으로 나타내시오.

( )

16 어묵 조각 수(▲)가 64개일 때 만들 수 있는 어묵 꼬치의 가격은 얼마입니까?

( )

색 테이프를 가위로 자르고 있습니다. 색 테이프를 자른 횟수와 색 테이프의 도막 수 사이의 대응 관계를 알아보려고 합니다. 물음에 답하시오. [01~04]

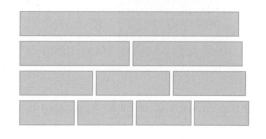

01 색 테이프를 3번 자르면 몇 도막이 됩니까?

(   )

02 색 테이프가 5도막이 되려면 몇 번 잘라야 합니까?

(   )

03 빈칸에 알맞은 수를 써넣으시오.

자른 횟수(번)	3	4	5	6	7
도막의 수(도막)	4				

04 자른 횟수와 색 테이프의 도막의 수 사이의 대응 관계를 써 보시오.

_____

_____

그림을 보고 빈칸에 알맞은 수를 써넣으시오. [05~06]

05

문어의 수(마리)	1	2	3	4	5
문어의 다리 수(개)	8	16			

06

탑의 층수(층)	1	2	3	4	5
면봉의 수(개)	3	6			

07 석기의 나이는 11살이고 동생의 나이는 9살입니다. 빈칸에 알맞은 수를 써넣으시오.

석기의 나이(살)	11	12	13	14	15
동생의 나이(살)	9				

08 예슬이는 줄 한 개에 구슬을 5개씩 끼워서 목걸이를 만들고 있습니다. 그림을 보고 빈칸에 알맞은 수를 써넣으시오.

줄의 수(개)	2	3	4	5	6
구슬의 수(개)	10	15			

사각형의 수와 꼭짓점의 수 사이의 대응 관계를 알아보려고 합니다. 물음에 답하시오. [09~10]

사각형의 수(개)	1	2	3	4	5
꼭짓점의 수(개)	4	8			

09 사각형의 수와 꼭짓점의 수 사이의 대응 관계를 표로 나타내어 보시오.

10 사각형의 수와 꼭짓점의 수의 대응 관계를 식으로 나타내어 보시오.

( )

■와 ◉ 사이의 대응 관계를 식으로 나타내어 보시오. [11~13]

11

■	1	2	3	4	5
◉	5	6	7	8	9

( )

12

■	10	11	12	13	14
◉	3	4	5	6	7

( )

13

■	2	3	4	5	6	7	8
◉	12	18	24	30	36	42	48

( )

14 ◇와 ♡ 사이의 대응 관계가 ◇＋2＝♡일 때 표를 완성하시오.

◇	4	5	6	7	8
♡					

한 변에 놓인 바둑돌의 수를 ◎, 전체 바둑돌의 수를 ◇라 할 때, 두 수 사이의 대응 관계를 알아보려고 합니다. 물음에 답하시오. [15~18]

15 ◎와 ◇ 사이의 대응 관계를 표로 나타내어 보시오.

◎	2	3	4	5	6
◇	4	9			

16 ◎와 ◇ 사이의 대응 관계를 식으로 나타내어 보시오.

( )

17 한 변에 놓인 바둑돌이 8개일 때, 전체 바둑돌은 몇 개입니까?

( )

18 전체 바둑돌이 49개일 때, 한 변에 놓인 바둑돌은 몇 개입니까?

( )

19 ○와 ☆ 사이의 대응 관계를 나타낸 표입니다. 표를 완성하고 ○와 ☆ 사이의 대응 관계를 식으로 나타내어 보시오.

○	1	2	3	4	5
☆	17	16			

( )

20 □와 △ 사이의 대응 관계가 $\triangle = \square \times 4$가 되는 예를 쓰고 표로 나타내어 보시오.

_____

_____

_____

□				
△				

4 약분과 통분

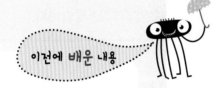

이전에 배운 내용

- 분모가 같은 분수의 크기 비교하기
- 약수와 배수

이번에 배울 내용

1 크기가 같은 분수 알아보기

2 크기가 같은 분수 만들기

3 분수를 간단하게 나타내기

4 통분 알아보기

5 분수의 크기 비교하기

6 분수와 소수의 크기 비교하기

- 분수의 덧셈과 뺄셈
- 분수의 곱셈과 나눗셈

다음에 배울 내용

 원리 꼼꼼

1. 크기가 같은 분수 알아보기

 크기가 같은 분수 알아보기

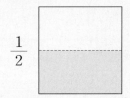 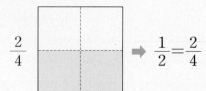

분수만큼 색칠했을 때 색칠한 부분의 넓이가 같으므로 두 분수의 크기는 같습니다.

🍀 세 분수의 크기 비교

$$\frac{1}{3} = \frac{2}{6} = \frac{4}{12}$$

분수만큼 색칠했을 때 전체에 대한 색칠된 길이가 같으므로 세 분수의 크기는 같습니다.

 원리 확인 ❶ $\frac{1}{4}$과 $\frac{2}{8}$의 크기를 비교해 보려고 합니다. 물음에 답하시오.

(1) 두 분수만큼 각각 색칠하시오.

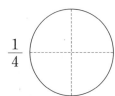 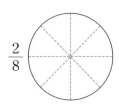

(2) $\frac{1}{4}$과 $\frac{2}{8}$의 크기는 서로 (같습니다, 다릅니다).

 원리 확인 ❷ $\frac{1}{2}$, $\frac{2}{4}$, $\frac{4}{8}$의 크기를 비교해 보려고 합니다. 물음에 답하시오.

(1) $\frac{1}{2}$, $\frac{2}{4}$, $\frac{4}{8}$만큼 색칠하시오.

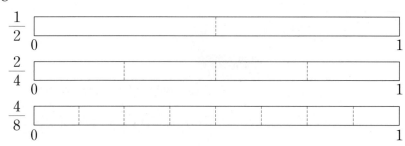

(2) 세 분수의 크기는 서로 (같습니다, 다릅니다).

step 2 원리 탄탄

1 분수만큼 색칠하고 크기가 같은 분수끼리 짝지어 보시오.

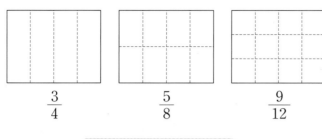

$$\frac{3}{4} \qquad \frac{5}{8} \qquad \frac{9}{12}$$

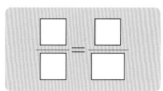

2 분수만큼 색칠하고 □ 안에 알맞은 수를 써넣으시오.

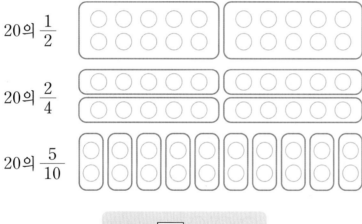

$$20의 \frac{1}{2}$$

$$20의 \frac{2}{4}$$

$$20의 \frac{5}{10}$$

$$\frac{1}{2} = \frac{\boxed{}}{4} = \frac{5}{\boxed{}}$$

2. 크기가 같은 분수는 분수 만큼 색칠했을 때 전체에 대한 색칠된 부분의 양이 같습니다.

3 영수는 피자의 $\frac{1}{3}$을 먹었습니다. 똑같은 크기의 피자를 12조각으로 나누었다 면 몇 조각을 먹어야 영수가 먹은 양과 같아지겠습니까?

(   )

3.

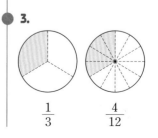

$$\frac{1}{3} \qquad \frac{4}{12}$$

분수만큼 색칠하고 크기가 같은 분수끼리 짝지어 보시오. [1~4]

1

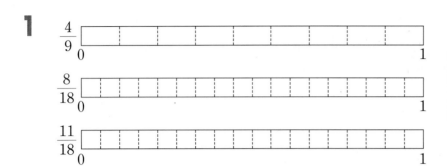

$\dfrac{4}{9}$ 0 ~ 1

$\dfrac{8}{18}$ 0 ~ 1

$\dfrac{11}{18}$ 0 ~ 1

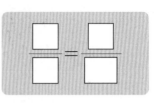

$\dfrac{\square}{\square} = \dfrac{\square}{\square}$

2

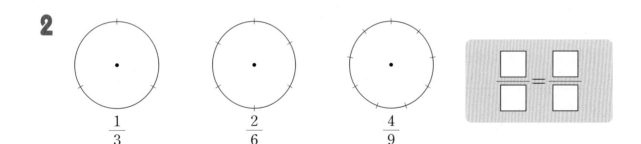

$\dfrac{1}{3}$ $\dfrac{2}{6}$ $\dfrac{4}{9}$

$\dfrac{\square}{\square} = \dfrac{\square}{\square}$

3

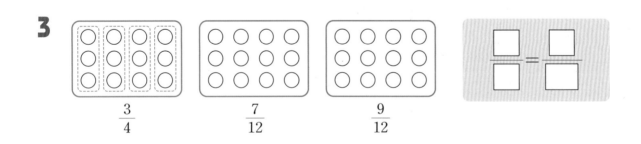

$\dfrac{3}{4}$ $\dfrac{7}{12}$ $\dfrac{9}{12}$

$\dfrac{\square}{\square} = \dfrac{\square}{\square}$

4

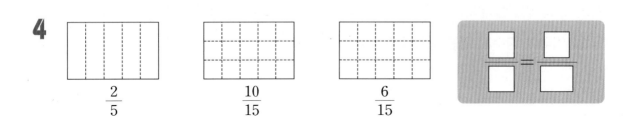

$\dfrac{2}{5}$ $\dfrac{10}{15}$ $\dfrac{6}{15}$

$\dfrac{\square}{\square} = \dfrac{\square}{\square}$

분수만큼 색칠하고 세 분수의 크기를 비교해 보시오. [5~8]

5

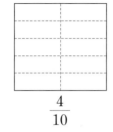

$\dfrac{2}{5}$

$\dfrac{4}{10}$

$\dfrac{6}{15}$

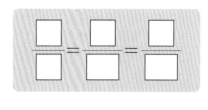

6

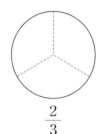

$\dfrac{2}{3}$

$\dfrac{4}{6}$

$\dfrac{6}{9}$

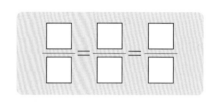

7

$\dfrac{3}{4}$

$\dfrac{6}{8}$

$\dfrac{9}{12}$

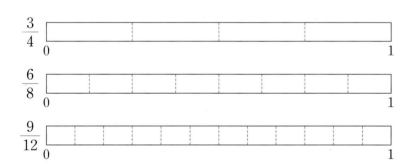

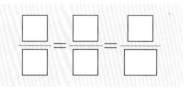

8

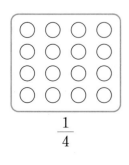

$\dfrac{1}{4}$

$\dfrac{2}{8}$

$\dfrac{4}{16}$

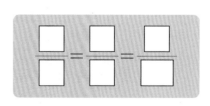

step 1 원리 꼼꼼

2. 크기가 같은 분수 만들기

🍀 **크기가 같은 분수 만들기**

- 분모와 분자에 0이 아닌 같은 수를 곱하여 크기가 같은 분수를 만들 수 있습니다.

$$\frac{1}{2} = \frac{1 \times 2}{2 \times 2} = \frac{2}{4}, \ \frac{1}{2} = \frac{1 \times 3}{2 \times 3} = \frac{3}{6}, \ \frac{1}{2} = \frac{1 \times 4}{2 \times 4} = \frac{4}{8}, \ \cdots\cdots$$

- 분모와 분자를 0이 아닌 같은 수로 나누어 크기가 같은 분수를 만들 수 있습니다.

$$\frac{42}{48} = \frac{42 \div 2}{48 \div 2} = \frac{21}{24}, \ \frac{42}{48} = \frac{42 \div 3}{48 \div 3} = \frac{14}{16}, \ \frac{42}{48} = \frac{42 \div 6}{48 \div 6} = \frac{7}{8}$$

원리 확인 ①

$\dfrac{1}{4}$과 크기가 같은 분수를 만들어 보려고 합니다. 물음에 답하시오.

(1) 왼쪽 그림과 똑같이 색칠하시오.

(2) $\dfrac{1}{4}$의 분모와 분자에 2, 3, 4를 각각 곱하여 보시오.

$$\frac{1 \times 2}{4 \times 2} = \frac{\square}{\square}, \quad \frac{1 \times 3}{4 \times 3} = \frac{\square}{\square}, \quad \frac{1 \times 4}{4 \times 4} = \frac{\square}{\square}$$

원리 확인 ②

$\dfrac{12}{18}$와 크기가 같은 분수를 만들어 보려고 합니다. 물음에 답하시오.

(1) $\dfrac{12}{18}$와 크기가 같도록 색칠하고 ☐ 안에 알맞은 분수를 써넣으시오.

(2) $\dfrac{12}{18}$와 크기가 같은 분수에는 어떤 것이 있습니까?

$$\frac{12 \div 2}{18 \div 2} = \frac{\square}{\square}, \quad \frac{12 \div 3}{18 \div 3} = \frac{\square}{\square}, \quad \frac{12 \div 6}{18 \div 6} = \frac{\square}{\square}$$

1 왼쪽 그림과 똑같이 색칠하고 $\frac{2}{3}$ 와 크기가 같은 분수를 만들어 보시오.

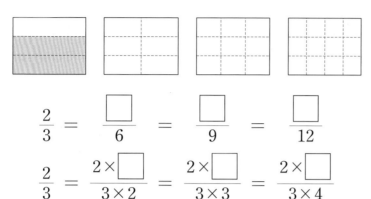

$$\frac{2}{3} = \frac{\square}{6} = \frac{\square}{9} = \frac{\square}{12}$$

$$\frac{2}{3} = \frac{2 \times \square}{3 \times 2} = \frac{2 \times \square}{3 \times 3} = \frac{2 \times \square}{3 \times 4}$$

● **1.** 분수의 분모와 분자에 0이 아닌 같은 수를 곱하여 크기가 같은 분수를 만들 수 있습니다.

2 크기가 같은 분수를 분모가 가장 작은 것부터 3개 쓰시오.

$$\frac{3}{5} \Rightarrow \underline{\hspace{5cm}}$$

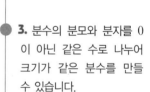

분모와 분자에 각각 2, 3, 4를 곱해 보세요.

3 왼쪽 그림과 똑같이 색칠하고 $\frac{12}{16}$ 와 크기가 같은 분수를 만들어 보시오.

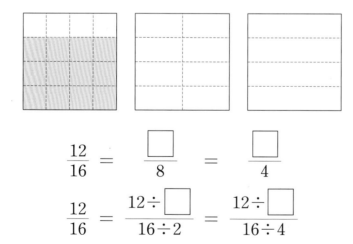

$$\frac{12}{16} = \frac{\square}{8} = \frac{\square}{4}$$

$$\frac{12}{16} = \frac{12 \div \square}{16 \div 2} = \frac{12 \div \square}{16 \div 4}$$

● **3.** 분수의 분모와 분자를 0이 아닌 같은 수로 나누어 크기가 같은 분수를 만들 수 있습니다.

4 왼쪽의 분수와 크기가 같은 분수를 모두 찾아 ○표 하시오.

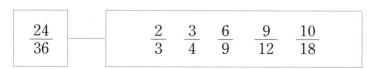

| $\frac{24}{36}$ | $\frac{2}{3}$ | $\frac{3}{4}$ | $\frac{6}{9}$ | $\frac{9}{12}$ | $\frac{10}{18}$ |

□ 안에 알맞은 수를 써넣으시오. [1~13]

1 $\dfrac{3}{5}=\dfrac{3\times\boxed{}}{5\times2}=\dfrac{\boxed{}}{\boxed{}}$, $\dfrac{3}{5}=\dfrac{3\times3}{5\times\boxed{}}=\dfrac{\boxed{}}{\boxed{}}$, $\dfrac{3}{5}=\dfrac{3\times4}{5\times\boxed{}}=\dfrac{\boxed{}}{\boxed{}}$

2 $\dfrac{7}{10}=\dfrac{7\times3}{10\times\boxed{}}=\dfrac{\boxed{}}{\boxed{}}$, $\dfrac{7}{10}=\dfrac{7\times\boxed{}}{10\times5}=\dfrac{\boxed{}}{\boxed{}}$, $\dfrac{7}{10}=\dfrac{7\times6}{10\times\boxed{}}=\dfrac{\boxed{}}{\boxed{}}$

3 $\dfrac{10}{17}=\dfrac{10\times\boxed{}}{17\times2}=\dfrac{\boxed{}}{\boxed{}}$, $\dfrac{10}{17}=\dfrac{10\times4}{17\times\boxed{}}=\dfrac{\boxed{}}{\boxed{}}$, $\dfrac{10}{17}=\dfrac{10\times\boxed{}}{17\times5}=\dfrac{\boxed{}}{\boxed{}}$

4 $\dfrac{7}{9}=\dfrac{\boxed{}}{63}$

5 $\dfrac{11}{15}=\dfrac{66}{\boxed{}}$

6 $\dfrac{5}{19}=\dfrac{\boxed{}}{38}$

7 $\dfrac{13}{24}=\dfrac{65}{\boxed{}}$

8 $\dfrac{5}{27}=\dfrac{20}{\boxed{}}$

9 $\dfrac{11}{36}=\dfrac{\boxed{}}{180}$

10 $3\dfrac{11}{12}=3\dfrac{\boxed{}}{48}$

11 $1\dfrac{8}{25}=1\dfrac{32}{\boxed{}}$

12 $4\dfrac{13}{35}=4\dfrac{\boxed{}}{140}$

13 $2\dfrac{15}{16}=2\dfrac{135}{\boxed{}}$

 □ 안에 알맞은 수를 써넣으시오. [14~26]

14 $\dfrac{4}{12} = \dfrac{4 \div \square}{12 \div 2} = \dfrac{\square}{\square}$, $\dfrac{4}{12} = \dfrac{4 \div 4}{12 \div \square} = \dfrac{\square}{\square}$

15 $\dfrac{18}{24} = \dfrac{18 \div \square}{24 \div 2} = \dfrac{\square}{\square}$, $\dfrac{18}{24} = \dfrac{18 \div 3}{24 \div \square} = \dfrac{\square}{\square}$, $\dfrac{18}{24} = \dfrac{18 \div \square}{24 \div 6} = \dfrac{\square}{\square}$

16 $\dfrac{27}{54} = \dfrac{27 \div \square}{54 \div 3} = \dfrac{\square}{\square}$, $\dfrac{27}{54} = \dfrac{27 \div \square}{54 \div 9} = \dfrac{\square}{\square}$, $\dfrac{27}{54} = \dfrac{27 \div 27}{54 \div \square} = \dfrac{\square}{\square}$

17 $\dfrac{6}{10} = \dfrac{\square}{5}$

18 $\dfrac{9}{15} = \dfrac{3}{\square}$

19 $\dfrac{16}{20} = \dfrac{\square}{10}$

20 $\dfrac{10}{35} = \dfrac{2}{\square}$

21 $\dfrac{35}{42} = \dfrac{\square}{6}$

22 $\dfrac{18}{60} = \dfrac{3}{\square}$

23 $1\dfrac{18}{27} = 1\dfrac{\square}{3}$

24 $3\dfrac{26}{39} = 3\dfrac{2}{\square}$

25 $3\dfrac{4}{44} = 3\dfrac{1}{\square}$

26 $5\dfrac{56}{64} = 5\dfrac{7}{\square}$

step 1 원리 꼼꼼

3. 분수를 간단하게 나타내기

❀ **약분**

분모와 분자를 그들의 공약수로 나누는 것을 약분한다고 합니다.

• $\dfrac{18}{24}$을 약분하기

18과 24의 공약수 중에서 1을 제외한 2, 3, 6으로 나눕니다.

$$\dfrac{18}{24} = \dfrac{18 \div 2}{24 \div 2} = \dfrac{9}{12} \qquad \dfrac{18}{24} = \dfrac{18 \div 3}{24 \div 3} = \dfrac{6}{8} \qquad \dfrac{18}{24} = \dfrac{18 \div 6}{24 \div 6} = \dfrac{3}{4}$$

❀ **기약분수**

분모와 분자의 공약수가 1뿐인 분수를 기약분수라고 합니다.

• $\dfrac{18}{24}$을 기약분수로 나타내기

분모와 분자의 공약수가 1뿐일 때까지 계속 약분합니다.	분모와 분자를 그들의 최대공약수로 나눕니다.
$$\dfrac{18}{24} \Rightarrow \dfrac{\overset{9}{\cancel{18}}}{\underset{12}{\cancel{24}}} \Rightarrow \dfrac{\overset{\overset{3}{\cancel{9}}}{\cancel{18}}}{\underset{\underset{4}{\cancel{12}}}{\cancel{24}}} \Rightarrow \dfrac{3}{4}$$	➡ 18과 24의 최대공약수가 6이므로 $$\dfrac{18}{24} = \dfrac{18 \div 6}{24 \div 6} = \dfrac{3}{4}$$입니다.

원리 확인 ① $\dfrac{12}{16}$를 약분하려고 합니다. ☐ 안에 알맞은 수를 써넣으시오.

(1) 12와 16의 공약수는 1, ☐, ☐입니다.

(2) $\dfrac{12}{16} = \dfrac{12 \div 2}{16 \div \boxed{}} = \dfrac{\boxed{}}{\boxed{}}$　　　　$\dfrac{12}{16} = \dfrac{12 \div \boxed{}}{16 \div 4} = \dfrac{\boxed{}}{\boxed{}}$

원리 확인 ② $\dfrac{20}{28}$을 분모와 분자의 최대공약수로 약분하여 기약분수로 나타내려고 합니다. ☐ 안에 알맞은 수를 써넣으시오.

(1)
$$\boxed{} \,)\, \underline{20 \quad 28}$$
$$\boxed{} \,)\, \boxed{} \quad \boxed{} \qquad \Rightarrow \text{최대공약수} : \boxed{} \times \boxed{} = \boxed{}$$
$$\boxed{} \quad \boxed{}$$

(2) $\dfrac{20}{28} = \dfrac{20 \div \boxed{}}{28 \div \boxed{}} = \dfrac{\boxed{}}{\boxed{}}$

1 $\dfrac{27}{45}$을 분모와 분자의 공약수 중에서 1을 제외한 수로 약분하시오.

$$\frac{27}{45} = \frac{27 \div 3}{45 \div \boxed{}} = \frac{\boxed{}}{\boxed{}} \qquad \frac{27}{45} = \frac{27 \div \boxed{}}{45 \div \boxed{}} = \frac{\boxed{}}{\boxed{}}$$

2 분수를 약분하시오.

(1) $\dfrac{10}{16} \Rightarrow \dfrac{\boxed{}}{8}$

(2) $\dfrac{14}{21} \Rightarrow \dfrac{\boxed{}}{\boxed{}}$

(3) $\dfrac{32}{36} \Rightarrow \dfrac{16}{\boxed{}}, \dfrac{\boxed{}}{\boxed{}}$

(4) $\dfrac{24}{40} \Rightarrow \dfrac{\boxed{}}{20}, \dfrac{6}{\boxed{}}, \dfrac{\boxed{}}{\boxed{}}$

2. 분모와 분자의 공약수 중에서 1을 제외한 수로 약분합니다.

3 기약분수를 모두 찾아 ◯표 하시오.

$$\frac{2}{4} \qquad \frac{6}{9} \qquad \frac{7}{15} \qquad \frac{21}{24} \qquad \frac{16}{27}$$

3. 분모와 분자의 공약수가 1뿐인 분수를 찾습니다.

4 보기 와 같이 기약분수로 나타내시오.

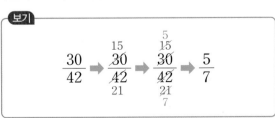

보기
$$\frac{30}{42} \Rightarrow \frac{\overset{15}{\cancel{30}}}{\underset{21}{\cancel{42}}} \Rightarrow \frac{\overset{5}{\cancel{\overset{15}{30}}}}{\underset{7}{\cancel{\underset{21}{42}}}} \Rightarrow \frac{5}{7}$$

(1) $\dfrac{12}{28}$

(2) $\dfrac{48}{54}$

4. 기약분수가 될 때까지 분모와 분자의 공약수로 계속 약분합니다.

3 원리 척척

분수를 약분하시오. [1~12]

1 $\dfrac{8}{10}$ ➡ $\dfrac{\boxed{}}{5}$

2 $\dfrac{8}{12}$ ➡ $\dfrac{4}{\boxed{}}$, $\dfrac{2}{\boxed{}}$

3 $\dfrac{12}{16}$ ➡ $\dfrac{\boxed{}}{8}$, $\dfrac{\boxed{}}{4}$

4 $\dfrac{14}{21}$ ➡ $\dfrac{2}{\boxed{}}$

5 $\dfrac{6}{28}$ ➡ $\dfrac{\boxed{}}{14}$

6 $\dfrac{30}{36}$ ➡ $\dfrac{\boxed{}}{18}$, $\dfrac{\boxed{}}{12}$, $\dfrac{\boxed{}}{6}$

7 $\dfrac{20}{40}$ ➡ $\dfrac{\boxed{}}{20}$, $\dfrac{5}{\boxed{}}$, $\dfrac{4}{\boxed{}}$, $\dfrac{\boxed{}}{4}$, $\dfrac{\boxed{}}{2}$

8 $\dfrac{25}{45}$ ➡ $\dfrac{5}{\boxed{}}$

9 $\dfrac{48}{54}$ ➡ $\dfrac{\boxed{}}{27}$, $\dfrac{16}{\boxed{}}$, $\dfrac{8}{\boxed{}}$

10 $\dfrac{45}{60}$ ➡ $\dfrac{\boxed{}}{20}$, $\dfrac{9}{\boxed{}}$, $\dfrac{3}{\boxed{}}$

11 $\dfrac{50}{100}$ ➡ $\dfrac{25}{\boxed{}}$, $\dfrac{10}{\boxed{}}$, $\dfrac{\boxed{}}{10}$, $\dfrac{\boxed{}}{4}$, $\dfrac{\boxed{}}{2}$

12 $\dfrac{72}{120}$ ➡ $\dfrac{\boxed{}}{60}$, $\dfrac{\boxed{}}{40}$, $\dfrac{18}{\boxed{}}$, $\dfrac{12}{\boxed{}}$, $\dfrac{\boxed{}}{15}$, $\dfrac{\boxed{}}{10}$, $\dfrac{3}{\boxed{}}$

분모와 분자의 최대공약수를 이용하여 기약분수로 나타내시오. [13~24]

13 $(3, 9)$의 최대공약수 : $\square$ $\Rightarrow$ $\dfrac{3}{9} = \dfrac{3 \div \square}{9 \div \square} = \square$

14 $(14, 16)$의 최대공약수 : $\square$ $\Rightarrow$ $\dfrac{14}{16} = \dfrac{14 \div \square}{16 \div \square} = \square$

15 $(20, 32)$의 최대공약수 : $\square$ $\Rightarrow$ $\dfrac{20}{32} = \dfrac{20 \div \square}{32 \div \square} = \square$

16 $\dfrac{6}{12} = \square$ **17** $\dfrac{15}{20} = \square$ **18** $\dfrac{18}{24} = \square$

19 $\dfrac{21}{27} = \square$ **20** $\dfrac{15}{30} = \square$ **21** $\dfrac{24}{32} = \square$

22 $\dfrac{28}{44} = \square$ **23** $\dfrac{35}{49} = \square$ **24** $\dfrac{20}{60} = \square$

step 1 원리 꼼꼼

4. 통분 알아보기

❀ 통분

• 분수의 분모를 같게 하는 것을 통분한다고 하며, 통분한 분모를 공통분모라고 합니다.

• $\frac{3}{4}$과 $\frac{1}{6}$을 분모의 곱을 공통분모로 하여 통분하기

분모 4와 6의 곱은 24이므로

$$\frac{3}{4} = \frac{3 \times 6}{4 \times 6} = \frac{18}{24}, \ \frac{1}{6} = \frac{1 \times 4}{6 \times 4} = \frac{4}{24}$$

➡ ($\frac{3}{4}$, $\frac{1}{6}$)을 통분하면 ($\frac{18}{24}$, $\frac{4}{24}$)입니다.

• $\frac{3}{4}$과 $\frac{1}{6}$을 분모의 최소공배수를 공통분모로 하여 통분하기

분모 4와 6의 최소공배수는 12이므로

$$\frac{3}{4} = \frac{3 \times 3}{4 \times 3} = \frac{9}{12}, \ \frac{1}{6} = \frac{1 \times 2}{6 \times 2} = \frac{2}{12}$$

➡ ($\frac{3}{4}$, $\frac{1}{6}$)을 통분하면 ($\frac{9}{12}$, $\frac{2}{12}$)입니다.

원리 확인 ❶ $\frac{5}{6}$와 $\frac{1}{9}$을 두 가지 방법으로 통분하려고 합니다. 물음에 답하시오.

(1) 분모의 곱을 공통분모로 하여 통분하시오.

분모 6과 9의 곱은 □이므로

$$\frac{5}{6} = \frac{5 \times \square}{6 \times 9} = \frac{\square}{\square}, \ \frac{1}{9} = \frac{1 \times \square}{9 \times 6} = \frac{\square}{\square}$$

따라서 ($\frac{5}{6}$, $\frac{1}{9}$)을 통분하면 ($\frac{\square}{\square}$, $\frac{\square}{\square}$)입니다.

(2) 분모의 최소공배수를 공통분모로 하여 통분하시오.

분모 6과 9의 최소공배수는 □이므로

$$\frac{5}{6} = \frac{5 \times \square}{6 \times 3} = \frac{\square}{\square}, \ \frac{1}{9} = \frac{1 \times \square}{9 \times 2} = \frac{\square}{\square}$$

따라서 ($\frac{5}{6}$, $\frac{1}{9}$)을 통분하면 ($\frac{\square}{\square}$, $\frac{\square}{\square}$)입니다.

1 분모의 공배수를 공통분모로 하여 통분하시오.

$(\dfrac{1}{4}, \dfrac{2}{5})$에서 분모 4와 5의 공배수는 20, 40, 60, ……입니다.

공통분모를 40으로 하면

$(\dfrac{1}{4} = \dfrac{1 \times \boxed{}}{4 \times 10}, \dfrac{2}{5} = \dfrac{2 \times \boxed{}}{5 \times 8}) \rightarrow (\boxed{}, \boxed{})$이고,

공통분모를 60으로 하면

$(\dfrac{1}{4} = \dfrac{1 \times \boxed{}}{4 \times 15}, \dfrac{2}{5} = \dfrac{2 \times \boxed{}}{5 \times 12}) \rightarrow (\boxed{}, \boxed{})$입니다.

2 $\dfrac{4}{9}$와 $\dfrac{5}{12}$를 여러 가지 방법으로 통분하려고 합니다. □ 안에 알맞은 수를 써넣으시오.

(1) 분모의 곱 $\boxed{}$을 공통분모로 하면 $(\boxed{}, \boxed{})$입니다.

(2) 분모의 최소공배수 $\boxed{}$을 공통분모로 하면 $(\boxed{}, \boxed{})$입니다.

3 분모의 곱을 공통분모로 하여 두 분수를 통분하시오.

(1) $(\dfrac{7}{9}, \dfrac{4}{15})$ (2) $(\dfrac{3}{7}, \dfrac{9}{14})$

4 분모의 최소공배수를 공통분모로 하여 두 분수를 통분하시오.

(1) $(\dfrac{5}{6}, \dfrac{5}{8})$ (2) $(2\dfrac{3}{4}, 1\dfrac{1}{6})$

5 $1\dfrac{3}{8}$과 $2\dfrac{7}{20}$을 통분할 때, 공통분모가 될 수 있는 수를 가장 작은 수부터 2개 쓰시오.

( )

1. $\dfrac{1}{4}$과 $\dfrac{2}{5}$를 통분할 때, $\dfrac{1}{4}$의 분모인 4의 배수 8로 통분한다면 $\dfrac{2}{5}$의 분모를 8로 만들 수 없으므로 통분할 수 없습니다. 따라서 두 분수를 통분하려면 공통분모는 두 분모의 공배수이어야 합니다.

분모의 곱을 공통분모로 하여 통분하는 것이 더 좋은 것 같은데?

그런데 분모의 곱이 큰 수가 되는 경우에는 계산이 복잡해지잖아!

4. 두 분수를 통분할 때 공통분모는 두 분모의 공배수이어야 합니다.

step 3 원리 척척

🍂 두 분수를 통분하려고 합니다. □ 안에 알맞은 수를 써넣으시오. [1~4]

1

$$\left(\frac{3}{4},\ \frac{1}{3}\right) \Rightarrow$$

$$\frac{3}{4} = \frac{\square}{8} = \frac{\square}{12} = \frac{12}{\square} = \frac{15}{\square} = \frac{\square}{24} = \cdots\cdots$$

$$\frac{1}{3} = \frac{\square}{6} = \frac{3}{\square} = \frac{4}{\square} = \frac{\square}{15} = \frac{\square}{18} = \frac{7}{\square} = \frac{8}{\square} = \cdots\cdots$$

$\left(\dfrac{3}{4},\ \dfrac{1}{3}\right)$을 통분하면 (,   ), (,   ), ……입니다.

2

$$\left(\frac{5}{6},\ \frac{2}{9}\right) \Rightarrow$$

$$\frac{5}{6} = \frac{10}{\square} = \frac{\square}{18} = \frac{20}{\square} = \frac{25}{\square} = \frac{30}{\square} = \cdots\cdots$$

$$\frac{2}{9} = \frac{\square}{18} = \frac{6}{\square} = \frac{\square}{36} = \frac{10}{\square} = \frac{12}{\square} = \cdots\cdots$$

$\left(\dfrac{5}{6},\ \dfrac{2}{9}\right)$를 통분하면 (,   ), (,   ), ……입니다.

3

$$\left(\frac{5}{8},\ \frac{7}{12}\right) \Rightarrow$$

$$\frac{5}{8} = \frac{10}{\square} = \frac{\square}{24} = \frac{\square}{32} = \frac{25}{\square} = \frac{30}{\square} = \cdots\cdots$$

$$\frac{7}{12} = \frac{\square}{24} = \frac{21}{\square} = \frac{\square}{48} = \frac{35}{\square} = \frac{42}{\square} = \cdots\cdots$$

$\left(\dfrac{5}{8},\ \dfrac{7}{12}\right)$을 통분하면 (,   ), (,   ), ……입니다.

4

$$\left(\frac{1}{6},\ \frac{3}{8}\right) \Rightarrow$$

$$\frac{1}{6} = \frac{2}{\square} = \frac{\square}{18} = \frac{\square}{24} = \frac{5}{\square} = \frac{6}{\square} = \frac{\square}{42} = \frac{\square}{48} = \cdots\cdots$$

$$\frac{3}{8} = \frac{6}{\square} = \frac{\square}{24} = \frac{\square}{32} = \frac{15}{\square} = \frac{18}{\square} = \frac{\square}{56} = \cdots\cdots$$

$\left(\dfrac{1}{6},\ \dfrac{3}{8}\right)$을 통분하면 (,   ), (,   ), ……입니다.

□ 안에 알맞은 수를 써넣으시오. [5~6]

5 $(\dfrac{2}{3}, \dfrac{1}{4})$에서 분모 3과 4의 공배수는 12, 24, …… 입니다.

공통분모를 12로 하는 경우

$\dfrac{2}{3} = \dfrac{2 \times \square}{3 \times 4} = \dfrac{\square}{12}$

$\dfrac{1}{4} = \dfrac{1 \times \square}{4 \times 3} = \dfrac{\square}{12}$

➡ (,)

공통분모를 24로 하는 경우

$\dfrac{2}{3} = \dfrac{2 \times \square}{3 \times 8} = \dfrac{\square}{24}$

$\dfrac{1}{4} = \dfrac{1 \times \square}{4 \times 6} = \dfrac{\square}{24}$

➡ (,)

6 $(\dfrac{5}{7}, \dfrac{1}{6})$에서 분모 7과 6의 공배수는 42, 84, …… 입니다.

공통분모를 42로 하는 경우

$\dfrac{5}{7} = \dfrac{5 \times \square}{7 \times 6} = \dfrac{\square}{42}$

$\dfrac{1}{6} = \dfrac{1 \times \square}{6 \times 7} = \dfrac{\square}{42}$

➡ (,)

공통분모를 84로 하는 경우

$\dfrac{5}{7} = \dfrac{5 \times \square}{7 \times 12} = \dfrac{\square}{84}$

$\dfrac{1}{6} = \dfrac{1 \times \square}{6 \times 14} = \dfrac{\square}{84}$

➡ (,)

분모의 공배수를 공통분모로 하여 통분하시오. [7~10]

7 $(\dfrac{3}{8}, \dfrac{9}{10})$ ➡ $(\dfrac{\square}{40}, \dfrac{\square}{40})$, $(\dfrac{\square}{80}, \dfrac{\square}{80})$, $(\dfrac{\square}{120}, \dfrac{\square}{120})$, ……

8 $(\dfrac{1}{6}, \dfrac{8}{9})$ ➡ $(\dfrac{\square}{18}, \dfrac{\square}{18})$, $(\dfrac{\square}{36}, \dfrac{\square}{36})$, $(\dfrac{\square}{54}, \dfrac{\square}{54})$, ……

9 $(\dfrac{3}{5}, \dfrac{4}{7})$ ➡ $(\dfrac{\square}{35}, \dfrac{\square}{35})$, $(\dfrac{\square}{70}, \dfrac{\square}{70})$, $(\dfrac{\square}{105}, \dfrac{\square}{105})$, ……

10 $(\dfrac{1}{9}, \dfrac{5}{12})$ ➡ $(\dfrac{\square}{36}, \dfrac{\square}{36})$, $(\dfrac{\square}{72}, \dfrac{\square}{72})$, $(\dfrac{\square}{108}, \dfrac{\square}{108})$, ……

🍂 분모의 곱을 공통분모로 하여 통분하시오. [11~21]

11 $(\frac{1}{2}, \frac{2}{3})$ ➡ 분모의 곱 : ☐

$(\frac{1}{2}, \frac{2}{3})$ ➡ $(\frac{1 \times \square}{2 \times 3}, \frac{2 \times \square}{3 \times 2})$ ➡ $(\frac{\square}{6}, \frac{\square}{6})$

12 $(\frac{5}{7}, \frac{1}{6})$ ➡ 분모의 곱 : ☐

$(\frac{5}{7}, \frac{1}{6})$ ➡ $(\frac{5 \times \square}{7 \times 6}, \frac{1 \times \square}{6 \times 7})$ ➡ (,)

13 $(\frac{1}{12}, \frac{3}{8})$ ➡ 분모의 곱 : ☐

$(\frac{1}{12}, \frac{3}{8})$ ➡ $(\frac{1 \times \square}{12 \times 8}, \frac{3 \times \square}{8 \times 12})$ ➡ (,)

14 $(\frac{7}{8}, \frac{2}{9})$ ➡ (,)

15 $(\frac{7}{10}, \frac{5}{12})$ ➡ (,)

16 $(\frac{4}{9}, \frac{11}{18})$ ➡ (,)

17 $(\frac{9}{20}, \frac{4}{5})$ ➡ (,)

18 $(\frac{17}{24}, \frac{9}{20})$ ➡ (,)

19 $(\frac{16}{27}, \frac{5}{12})$ ➡ (,)

20 $(3\frac{2}{9}, 5\frac{3}{10})$ ➡ (,)

21 $(2\frac{7}{15}, 1\frac{5}{8})$ ➡ (,)

🌿 분모의 최소공배수를 공통분모로 하여 통분하시오. [22~32]

22 $(\dfrac{3}{4}, \dfrac{5}{6})$ ➡ 4와 6의 최소공배수 : ☐

$(\dfrac{3}{4}, \dfrac{5}{6})$ ➡ $(\dfrac{3 \times \square}{4 \times 3}, \dfrac{5 \times \square}{6 \times 2})$ ➡ $(\dfrac{\square}{12}, \dfrac{\square}{12})$

23 $(\dfrac{4}{9}, \dfrac{2}{7})$ ➡ 9와 7의 최소공배수 : ☐

$(\dfrac{4}{9}, \dfrac{2}{7})$ ➡ $(\dfrac{4 \times \square}{9 \times \square}, \dfrac{2 \times \square}{7 \times \square})$ ➡ (,)

24 $(\dfrac{11}{12}, \dfrac{5}{8})$ ➡ 12와 8의 최소공배수 : ☐

$(\dfrac{11}{12}, \dfrac{5}{8})$ ➡ $(\dfrac{11 \times \square}{12 \times \square}, \dfrac{5 \times \square}{8 \times \square})$ ➡ (,)

25 $(\dfrac{4}{11}, \dfrac{13}{22})$ ➡ (,)

26 $(\dfrac{9}{16}, \dfrac{3}{10})$ ➡ (,)

27 $(\dfrac{7}{24}, \dfrac{13}{16})$ ➡ (,)

28 $(\dfrac{11}{27}, \dfrac{5}{18})$ ➡ (,)

29 $(\dfrac{28}{35}, \dfrac{7}{15})$ ➡ (,)

30 $(\dfrac{13}{48}, \dfrac{7}{30})$ ➡ (,)

31 $(1\dfrac{5}{12}, 2\dfrac{17}{30})$ ➡ (,)

32 $(3\dfrac{27}{40}, 3\dfrac{13}{20})$ ➡ (,)

🍀 두 분수의 크기 비교

분모가 다른 두 분수의 크기를 비교할 때에는 통분하여 분모를 같게 한 다음, 분자의 크기를 비교합니다.

- $\frac{2}{3}$와 $\frac{3}{4}$의 크기 비교하기

$$\frac{2}{3} = \frac{2 \times 4}{3 \times 4} = \frac{8}{12}, \ \frac{3}{4} = \frac{3 \times 3}{4 \times 3} = \frac{9}{12} \ \Rightarrow \ \frac{8}{12} < \frac{9}{12}$$이므로 $\frac{2}{3} < \frac{3}{4}$입니다.

🍀 세 분수의 크기 비교

분모가 다른 세 분수의 크기를 비교할 때에는 두 분수씩 차례로 통분하여 크기를 비교합니다.

- $\frac{1}{3}, \frac{2}{7}, \frac{3}{8}$의 크기 비교하기

$$\left(\frac{1}{3}, \frac{2}{7}\right) \Rightarrow \left(\frac{7}{21} > \frac{6}{21}\right) \Rightarrow \left(\frac{1}{3} > \frac{2}{7}\right)$$

$$\left(\frac{2}{7}, \frac{3}{8}\right) \Rightarrow \left(\frac{16}{56} < \frac{21}{56}\right) \Rightarrow \left(\frac{2}{7} < \frac{3}{8}\right)$$

$$\left(\frac{1}{3}, \frac{3}{8}\right) \Rightarrow \left(\frac{8}{24} < \frac{9}{24}\right) \Rightarrow \left(\frac{1}{3} < \frac{3}{8}\right)$$ 따라서 $\frac{3}{8} > \frac{1}{3} > \frac{2}{7}$입니다.

원리 확인 **1**

$\frac{1}{2}, \frac{2}{5}, \frac{3}{7}$의 크기를 비교하려고 합니다. □ 안에 알맞은 수를 써넣고, ○ 안에 >, =, <를 알맞게 써넣으시오.

(1) $\frac{1}{2}$과 $\frac{2}{5}$를 통분하면 $\left(\dfrac{\boxed{}}{10}, \dfrac{\boxed{}}{10}\right)$이므로 $\frac{1}{2}$ ◯ $\frac{2}{5}$입니다.

(2) $\frac{2}{5}$와 $\frac{3}{7}$을 통분하면 $\left(\dfrac{\boxed{}}{35}, \dfrac{\boxed{}}{35}\right)$이므로 $\frac{2}{5}$ ◯ $\frac{3}{7}$입니다.

(3) $\frac{1}{2}$과 $\frac{3}{7}$을 통분하면 $\left(\dfrac{\boxed{}}{14}, \dfrac{\boxed{}}{14}\right)$이므로 $\frac{1}{2}$ ◯ $\frac{3}{7}$입니다.

(4) $\frac{1}{2}, \frac{2}{5}, \frac{3}{7}$을 가장 큰 수부터 차례로 쓰면 $\boxed{}$, $\boxed{}$, $\boxed{}$입니다.

step 2 원리 탄탄

1 분모의 최소공배수를 공통분모로 하여 통분한 다음, 크기를 비교하려고 합니다. □ 안에 알맞은 수를 써넣고, ○ 안에 >, =, <를 알맞게 써넣으시오.

$$\left(\frac{5}{6}, \frac{7}{9}\right) \rightarrow \left(\frac{\Box}{\Box} \bigcirc \frac{\Box}{\Box}\right) \rightarrow \left(\frac{5}{6} \bigcirc \frac{7}{9}\right)$$

2 두 분수의 크기를 비교하여 ○ 안에 >, =, <를 알맞게 써넣으시오.

(1) $\frac{4}{5} \bigcirc \frac{5}{8}$ (2) $\frac{1}{4} \bigcirc \frac{3}{10}$

2. 분모의 곱을 공통분모로 하여 통분하거나 분모의 최소공배수를 공통분모로 하여 통분합니다.

3 $\frac{3}{5}$, $\frac{7}{10}$, $\frac{4}{9}$의 크기를 비교하려고 합니다. □ 안에 알맞은 수를 써넣고, ○ 안에 >, =, <를 알맞게 써넣으시오.

$$\left(\frac{3}{5}, \frac{7}{10}\right) \rightarrow \left(\frac{\Box}{10} \bigcirc \frac{7}{10}\right) \rightarrow \left(\frac{3}{5} \bigcirc \frac{7}{10}\right)$$

$$\left(\frac{7}{10}, \frac{4}{9}\right) \rightarrow \left(\frac{\Box}{90} \bigcirc \frac{40}{\Box}\right) \rightarrow \left(\frac{7}{10} \bigcirc \frac{4}{9}\right)$$

$$\left(\frac{3}{5}, \frac{4}{9}\right) \rightarrow \left(\frac{\Box}{\Box} \bigcirc \frac{\Box}{\Box}\right) \rightarrow \left(\frac{3}{5} \bigcirc \frac{4}{9}\right)$$

따라서 가장 큰 수부터 차례로 쓰면 □, □, □입니다.

4 가장 작은 분수부터 차례로 써 보시오.

$$\frac{2}{3} \qquad \frac{3}{4} \qquad \frac{4}{7}$$

(   )

🍃 분모의 곱을 공통분모로 하여 통분하고, ◯ 안에 >, =, <를 알맞게 써넣으시오. [1~2]

1 $\left(\dfrac{1}{6}, \dfrac{5}{8}\right)$ ⎡ $\dfrac{1}{6} = $ ☐
⎣ $\dfrac{5}{8} = $ ☐ ➡ $\dfrac{1}{6}$ ◯ $\dfrac{5}{8}$

2 $\left(\dfrac{7}{9}, \dfrac{5}{12}\right)$ ⎡ $\dfrac{7}{9} = $ ☐
⎣ $\dfrac{5}{12} = $ ☐ ➡ $\dfrac{7}{9}$ ◯ $\dfrac{5}{12}$

🍂 분모의 최소공배수를 공통분모로 하여 통분하고, ◯ 안에 >, =, <를 알맞게 써넣으시오. [3~4]

3 $\left(\dfrac{3}{8}, \dfrac{3}{10}\right)$ ⎡ $\dfrac{3}{8} = $ ☐
⎣ $\dfrac{3}{10} = $ ☐ ➡ $\dfrac{3}{8}$ ◯ $\dfrac{3}{10}$

4 $\left(\dfrac{8}{15}, \dfrac{11}{18}\right)$ ⎡ $\dfrac{8}{15} = $ ☐
⎣ $\dfrac{11}{18} = $ ☐ ➡ $\dfrac{8}{15}$ ◯ $\dfrac{11}{18}$

🍃 분수의 크기를 비교하여 ◯ 안에 >, =, <를 알맞게 써넣으시오. [5~8]

5 $\dfrac{4}{7}$ ◯ $\dfrac{3}{4}$

6 $\dfrac{9}{10}$ ◯ $\dfrac{5}{14}$

7 $\dfrac{3}{16}$ ◯ $\dfrac{5}{19}$

8 $\dfrac{11}{21}$ ◯ $\dfrac{13}{18}$

9 $\frac{5}{6}$, $\frac{4}{9}$, $\frac{7}{10}$의 크기를 비교하여 가장 큰 수부터 차례로 늘어놓으시오.

$(\frac{5}{6},\ \frac{4}{9})$ ➡ $(\frac{5}{6}=\frac{\square}{18},\ \frac{4}{9}=\frac{\square}{18})$ ➡ $\frac{5}{6}\bigcirc\frac{4}{9}$

$(\frac{4}{9},\ \frac{7}{10})$ ➡ $(\frac{4}{9}=\frac{\square}{90},\ \frac{7}{10}=\frac{\square}{90})$ ➡ $\frac{4}{9}\bigcirc\frac{7}{10}$

$(\frac{5}{6},\ \frac{7}{10})$ ➡ $(\frac{5}{6}=\frac{\square}{30},\ \frac{7}{10}=\frac{\square}{30})$ ➡ $\frac{5}{6}\bigcirc\frac{7}{10}$

따라서 분수를 가장 큰 수부터 차례로 늘어놓으면 (, ,)입니다.

4
단원

🍂 가장 작은 분수부터 차례로 늘어놓으시오. [10~11]

10 $(\frac{3}{10},\ \frac{2}{5},\ \frac{1}{8})$ ➡ (, ,)

11 $(\frac{2}{9},\ \frac{5}{12},\ \frac{13}{27})$ ➡ (, ,)

🍂 가장 큰 분수부터 차례로 늘어놓으시오. [12~13]

12

| $\frac{3}{4}$ | $\frac{4}{5}$ | $\frac{1}{2}$ |

(   )

13

| $\frac{9}{20}$ | $\frac{1}{50}$ | $\frac{59}{100}$ |

(   )

step 1 원리 꼼꼼

6. 분수와 소수의 크기 비교하기

❀ 분수와 소수의 관계 알아보기

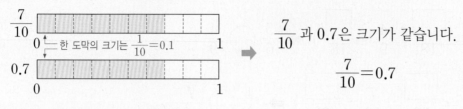

$\dfrac{7}{10}$ 과 0.7은 크기가 같습니다.

$$\dfrac{7}{10}=0.7$$

참고 분수와 소수의 관계

$\dfrac{1}{10}=0.1$

$\dfrac{1}{100}=0.01$

$\dfrac{1}{1000}=0.001$

❀ 분수와 소수의 크기 비교하기

$\dfrac{3}{5}$ 과 0.7의 크기 비교하기

① 분수를 소수로 고쳐서 소수끼리 비교합니다.

$\dfrac{3}{5}=\dfrac{6}{10}=0.6$ 이므로 $0.6<0.7$ ➡ $\dfrac{3}{5}<0.7$

② 소수를 분수로 고쳐서 분수끼리 비교합니다.

$\dfrac{3}{5}=\dfrac{6}{10}$ 이고 $0.7=\dfrac{7}{10}$ 이므로 $\dfrac{6}{10}<\dfrac{7}{10}$ ➡ $\dfrac{3}{5}<0.7$

원리 확인 **1** $\dfrac{8}{20}$ 과 $\dfrac{9}{30}$ 의 크기를 비교하시오.

(1) 두 분수를 약분하여 크기를 비교해 보시오.

$\left(\dfrac{8}{20},\ \dfrac{9}{30}\right)$ ➡ $\left(\dfrac{\square}{10},\ \dfrac{\square}{10}\right)$ ➡ $\left(\dfrac{\square}{10}\bigcirc\dfrac{\square}{10}\right)$ ➡ $\left(\dfrac{8}{20}\bigcirc\dfrac{9}{30}\right)$

(2) 두 분수를 소수로 고쳐서 크기를 비교해 보시오.

$\left(\dfrac{8}{20},\ \dfrac{9}{30}\right)$ ➡ $\left(\dfrac{\square}{10},\ \dfrac{\square}{10}\right)$ ➡ $\left(\square\bigcirc\square\right)$ ➡ $\left(\square\bigcirc\square\right)$

원리 확인 **2** 0.7과 $\dfrac{4}{5}$ 의 크기를 비교하시오.

(1) 0.7을 분수로 고쳐서 크기를 비교해 보시오.

$0.7=\dfrac{\square}{10},\ \dfrac{4}{5}=\dfrac{\square}{10}$ ➡ $0.7\bigcirc\dfrac{4}{5}$

(2) $\dfrac{4}{5}$ 를 소수로 고쳐서 크기를 비교해 보시오.

$\dfrac{4}{5}=\dfrac{\square}{10}=\square$ ➡ $0.7\bigcirc\dfrac{4}{5}$

1 분수는 소수로 소수는 분수로 나타내어 보시오.

(1) $\dfrac{7}{10} = \boxed{}$ (2) $\dfrac{9}{10} = \boxed{}$

(3) $0.3 = \dfrac{\boxed{}}{10}$ (4) $0.5 = \dfrac{\boxed{}}{10}$

2 분수를 분모가 10인 분수로 고치고, 소수로 나타내어 보시오.

(1) $\dfrac{1}{2} = \dfrac{1 \times \boxed{}}{2 \times \boxed{}} = \dfrac{\boxed{}}{10} = \boxed{}$

(2) $\dfrac{3}{5} = \dfrac{3 \times \boxed{}}{5 \times \boxed{}} = \dfrac{\boxed{}}{10} = \boxed{}$

3 $\dfrac{16}{20}$ 과 $\dfrac{21}{30}$ 의 크기를 비교하려고 합니다. 물음에 답하시오.

(1) 두 분수를 약분하여 크기를 비교해 보시오.

$\left(\dfrac{16}{20}, \dfrac{21}{30} \right) \Rightarrow \left(\dfrac{\boxed{}}{10}, \dfrac{\boxed{}}{10} \right) \Rightarrow \dfrac{\boxed{}}{10} \bigcirc \dfrac{\boxed{}}{10} \Rightarrow \dfrac{16}{20} \bigcirc \dfrac{21}{30}$

(2) 두 분수를 소수로 고쳐서 크기를 비교해 보시오.

$\left(\dfrac{16}{20}, \dfrac{21}{30} \right) \Rightarrow \left(\dfrac{\boxed{}}{10}, \dfrac{\boxed{}}{10} \right) \Rightarrow \left(\boxed{}, \boxed{} \right)$

$\Rightarrow \boxed{} \bigcirc \boxed{} \Rightarrow \dfrac{16}{20} \bigcirc \dfrac{21}{30}$

4 두 수의 크기를 비교하여 ○ 안에 >, =, <를 알맞게 써넣으시오.

(1) $\dfrac{3}{4} \bigcirc 0.8$ (2) $0.7 \bigcirc \dfrac{3}{4}$

(3) $0.6 \bigcirc \dfrac{4}{5}$ (4) $2.38 \bigcirc 2\dfrac{21}{50}$

🍂 분수를 소수로 고쳐서 크기를 비교하시오. [1~4]

1 $(0.8, \frac{3}{4}) \Rightarrow (0.8, \boxed{}) \Rightarrow (0.8 \bigcirc \frac{3}{4})$

2 $(\frac{13}{20}, 0.7) \Rightarrow (\boxed{}, 0.7) \Rightarrow (\frac{13}{20} \bigcirc 0.7)$

3 $(2.5, 2\frac{1}{4}) \Rightarrow (2.5, \boxed{}) \Rightarrow (2.5 \bigcirc 2\frac{1}{4})$

4 $(3\frac{3}{8}, 3.4) \Rightarrow (\boxed{}, 3.4) \Rightarrow (3\frac{3}{8} \bigcirc 3.4)$

🍂 소수를 분수로 고쳐서 크기를 비교하시오. [5~8]

5 $(0.7, \frac{3}{5}) \Rightarrow (\frac{\boxed{}}{10}, \frac{\boxed{}}{10}) \Rightarrow (0.7 \bigcirc \frac{3}{5})$

6 $(0.62, \frac{3}{4}) \Rightarrow (\frac{\boxed{}}{100}, \frac{\boxed{}}{100}) \Rightarrow (0.62 \bigcirc \frac{3}{4})$

7 $(1\frac{3}{5}, 1.52) \Rightarrow (\frac{\boxed{}}{100}, \frac{\boxed{}}{100}) \Rightarrow (1\frac{3}{5} \bigcirc 1.52)$

8 $(3.43, 3\frac{1}{4}) \Rightarrow (\frac{\boxed{}}{100}, \frac{\boxed{}}{100}) \Rightarrow (3.43 \bigcirc 3\frac{1}{4})$

🍃 분수와 소수의 크기를 비교하여 가장 큰 수부터 차례로 써보시오. [9~14]

9

| $\dfrac{3}{4}$ | 0.6 | $\dfrac{2}{5}$ | 0.7 |

➡ (☐ , ☐ , ☐ , ☐)

10

| $1\dfrac{3}{5}$ | 1.5 | $1\dfrac{1}{4}$ | 1.4 |

➡ (☐ , ☐ , ☐ , ☐)

11

| 3.28 | $3\dfrac{3}{8}$ | $3\dfrac{3}{5}$ | 3.5 |

➡ (☐ , ☐ , ☐ , ☐)

12

| $\dfrac{7}{8}$ | 1.03 | $\dfrac{4}{5}$ | $1\dfrac{1}{4}$ |

➡ (☐ , ☐ , ☐ , ☐)

13

| 2.78 | $3\dfrac{1}{8}$ | 3.2 | $2\dfrac{3}{4}$ |

➡ (☐ , ☐ , ☐ , ☐)

14

| $5\dfrac{1}{4}$ | 4.95 | $4\dfrac{7}{8}$ | 5.05 |

➡ (☐ , ☐ , ☐ , ☐)

01 □ 안에 알맞은 수를 써넣으시오.

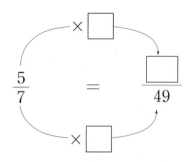

$$\frac{5}{7} = \frac{\square}{49}$$

02 □ 안에 알맞은 수를 써넣으시오.

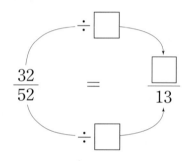

$$\frac{32}{52} = \frac{\square}{13}$$

03 □ 안에 알맞은 수를 써넣으시오.

(1) $\dfrac{3}{5} = \dfrac{\square}{35}$ (2) $\dfrac{4}{11} = \dfrac{20}{\square}$

(3) $\dfrac{16}{30} = \dfrac{\square}{15}$ (4) $\dfrac{36}{81} = \dfrac{4}{\square}$

04 $\dfrac{8}{28}$ 과 크기가 같은 분수를 모두 찾아 ○표 하시오.

$\dfrac{6}{14}$	$\dfrac{18}{42}$	$\dfrac{2}{7}$	$\dfrac{9}{21}$	$\dfrac{16}{56}$

05 $\dfrac{40}{64}$ 을 약분하여 보고 기약분수로 나타내시오.

(1) $\dfrac{40}{64}$ 을 약분하여 나타낼 수 있는 분수를 모두 쓰시오.

( )

(2) $\dfrac{40}{64}$ 을 기약분수로 나타내시오.

( )

06 분수를 약분하시오.

(1) $\dfrac{8}{14}$ ➡ $\dfrac{\square}{\square}$ (2) $\dfrac{25}{30}$ ➡ $\dfrac{\square}{\square}$

(3) $\dfrac{21}{42}$ ➡ $\dfrac{\square}{\square}$, $\dfrac{\square}{\square}$, $\dfrac{\square}{\square}$

(4) $\dfrac{54}{60}$ ➡ $\dfrac{\square}{\square}$, $\dfrac{\square}{\square}$, $\dfrac{\square}{\square}$

07 $\dfrac{28}{48}$ 을 최대공약수로 약분하여 기약분수로 나타내시오.

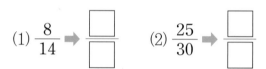

28과 48의 최대공약수 : □

$$\frac{28}{48} = \frac{28 \div \square}{48 \div \square} = \frac{\square}{\square}$$

08 분수를 기약분수로 나타내시오.

(1) $\dfrac{16}{34}$ ➡ $\dfrac{\square}{\square}$ (2) $\dfrac{54}{78}$ ➡ $\dfrac{\square}{\square}$

09 분모의 곱을 공통분모로 하여 통분하시오.

$$\frac{7}{8}, \ \frac{5}{6}$$

(　　　　　　)

10 분모의 최소공배수를 공통분모로 하여 통분하시오.

$$\frac{5}{18}, \ \frac{7}{12}$$

(　　　　　　)

11 70을 공통분모로 하여 통분하시오.

$$\frac{3}{7}, \ \frac{9}{14}$$

(　　　　　　)

12 $\frac{1}{6}$과 $\frac{2}{9}$를 통분할 때, 공통분모가 될 수 있는 수를 가장 작은 수부터 3개 쓰시오.

(　　　　　　)

13 두 분수 $\frac{11}{24}$, $\frac{9}{20}$의 크기를 비교하려고 합니다. □ 안에 알맞은 수를 써넣고, ○ 안에 >, =, <를 알맞게 써넣으시오.

$$\frac{11}{24} = \frac{\square}{120}$$

$$\frac{9}{20} = \frac{\square}{\square}$$

$$\frac{11}{24} \ \bigcirc \ \frac{9}{20}$$

14 두 분수의 크기를 비교하여 ○ 안에 >, =, <를 알맞게 써넣으시오.

$$\frac{13}{16} \ \bigcirc \ \frac{7}{8}$$

15 세 분수의 크기를 비교하여 가장 큰 수부터 차례로 쓰시오.

$$\frac{10}{11} \quad \frac{5}{6} \quad \frac{3}{4}$$

(　　　　　　)

16 분수와 소수의 크기를 비교하여 가장 큰 수부터 차례로 쓰시오.

$$2\frac{3}{5}, \ 2.7, \ 2\frac{3}{4}$$

(　　　　　　)

01 □ 안에 알맞은 수를 써넣으시오.

(1) $\dfrac{5}{18} = \dfrac{10}{\boxed{}} = \dfrac{\boxed{}}{72} = \dfrac{\boxed{}}{108}$

(2) $\dfrac{48}{54} = \dfrac{24}{\boxed{}} = \dfrac{\boxed{}}{18} = \dfrac{8}{\boxed{}}$

🍃 왼쪽 분수와 크기가 같은 분수를 모두 찾아 ○표 하시오. [02~03]

02 $\dfrac{6}{7}$ ➡ $\dfrac{1}{7}$, $\dfrac{24}{28}$, $\dfrac{36}{48}$, $\dfrac{50}{63}$, $\dfrac{60}{70}$

03 $\dfrac{40}{50}$ ➡ $\dfrac{4}{5}$, $\dfrac{4}{10}$, $\dfrac{20}{25}$, $\dfrac{8}{10}$, $\dfrac{2}{3}$

04 크기가 같은 분수를 3개 쓰시오.

(1) $\dfrac{5}{9}$ ➡ (   )

(2) $\dfrac{56}{140}$ ➡ (   )

05 $\dfrac{18}{36}$ 을 1이 아닌 공약수로 약분하여 나올 수 있는 분수를 모두 구하시오.

(   )

06 약분이 바르게 된 것은 어느 것입니까?

(   )

① $\dfrac{8}{18} = \dfrac{4}{14}$ ② $\dfrac{4}{10} = \dfrac{2}{10}$

③ $\dfrac{15}{20} = \dfrac{4}{3}$ ④ $\dfrac{18}{27} = \dfrac{2}{3}$

⑤ $\dfrac{21}{36} = \dfrac{7}{18}$

07 기약분수로 나타내시오.

(1) $\dfrac{33}{88}=$ ☐   (2) $2\dfrac{32}{36}=$ ☐

08 기약분수를 모두 찾아 ○표 하시오.

$$\dfrac{8}{9} \quad \dfrac{10}{25} \quad \dfrac{39}{112} \quad \dfrac{35}{84} \quad \dfrac{15}{17} \quad \dfrac{13}{252}$$

09 기약분수로 나타낼 때 분자가 1인 분수는 어느 것입니까? (   )

① $\dfrac{6}{27}$ ② $\dfrac{4}{18}$ ③ $\dfrac{15}{60}$

④ $\dfrac{8}{36}$ ⑤ $\dfrac{20}{50}$

10 $\dfrac{3}{4}$과 $\dfrac{1}{6}$을 통분하려고 합니다. ☐ 안에 알맞은 수를 써넣으시오.

(1) $\left(\dfrac{3}{4},\ \dfrac{1}{6}\right)$ ➡ $\left(\dfrac{3\times☐}{4\times6},\ \dfrac{1\times☐}{6\times4}\right)$

➡ $\left(\dfrac{☐}{24},\ \dfrac{☐}{24}\right)$

(2) $\left(\dfrac{3}{4},\ \dfrac{1}{6}\right)$ ➡ $\left(\dfrac{3\times☐}{4\times3},\ \dfrac{1\times☐}{6\times2}\right)$

➡ $\left(\dfrac{☐}{12},\ \dfrac{☐}{12}\right)$

분모의 곱을 공통분모로 하여 통분하시오.
[11~12]

11 $\left(\dfrac{3}{14},\ \dfrac{5}{6}\right)$ ➡ (,   )

12 $\left(\dfrac{16}{45},\ \dfrac{7}{10}\right)$ ➡ (,   )

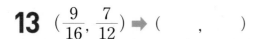 분모의 최소공배수를 공통분모로 하여 통분하시오. [13~14]

13 $\left(\dfrac{9}{16}, \dfrac{7}{12}\right)$ ➡ (,   )

14 $\left(\dfrac{11}{13}, \dfrac{25}{39}\right)$ ➡ (,   )

15 두 분수의 크기를 비교하여 ○ 안에 >, =, <를 알맞게 써넣으시오.

(1) $\dfrac{17}{18}$ ○ $\dfrac{11}{30}$

(2) $\dfrac{8}{21}$ ○ $\dfrac{3}{14}$

16 더 큰 분수를 찾아 기호를 쓰시오.

> ㉠ $\dfrac{5}{8}$ ㉡ $\dfrac{17}{22}$

(   )

🍃 가장 큰 분수부터 차례로 늘어놓으시오. [17~18]

17 $\left(\dfrac{6}{7}, \dfrac{11}{12}, \dfrac{3}{8}\right)$ ➡ (,   ,   )

18 $\left(\dfrac{18}{25}, \dfrac{21}{50}, \dfrac{9}{16}\right)$ ➡ (,   ,   )

19 가장 작은 분수부터 차례로 늘어놓으시오.

> $\dfrac{5}{6}$ $\dfrac{7}{8}$ $\dfrac{1}{12}$

(   )

20 다음 중 가장 큰 수는 어느 것입니까?

(   )

① $\dfrac{3}{4}$ ② 0.8   ③ $\dfrac{7}{8}$

④ 0.85   ⑤ $\dfrac{4}{5}$

5 분수의 덧셈과 뺄셈

이전에 배운 내용

• 분모가 같은 분수의 덧셈과 뺄셈
• 약분과 통분

이번에 배울 내용

• 분수의 곱셈과 나눗셈
• 소수의 곱셈과 나눗셈

다음에 배울 내용

step 1 원리 꼼꼼

개념과 원리를 이해하고 확인 문제를 통해 익혀요.

1. 받아올림이 없는 진분수의 덧셈 알아보기

♣ 분모가 다른 진분수의 덧셈

[방법 1] 분모의 곱을 공통분모로 하여 통분한 다음, 분모는 그대로 두고 분자끼리 더합니다.

$$\frac{1}{4}+\frac{1}{6}=\frac{1\times6}{4\times6}+\frac{1\times4}{6\times4}=\frac{6}{24}+\frac{4}{24}=\frac{10}{24}=\frac{5}{12}$$

[방법 2] 분모의 최소공배수를 공통분모로 하여 통분한 다음, 분모는 그대로 두고 분자끼리 더합니다.

$$\frac{1}{4}+\frac{1}{6}=\frac{1\times3}{4\times3}+\frac{1\times2}{6\times2}=\frac{3}{12}+\frac{2}{12}=\frac{5}{12}$$

  그림을 보고 ☐ 안에 알맞은 수를 써넣으시오.

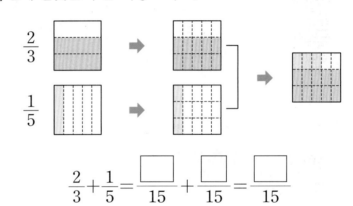

$$\frac{2}{3}+\frac{1}{5}=\frac{\boxed{}}{15}+\frac{\boxed{}}{15}=\frac{\boxed{}}{15}$$

  $\dfrac{5}{6}+\dfrac{1}{9}$ 을 여러 가지 방법으로 계산하려고 합니다. 물음에 답하시오.

(1) 공통분모를 6과 9의 곱인 54로 통분하여 계산하시오.

$$\frac{5}{6}+\frac{1}{9}=\frac{5\times\boxed{}}{6\times\boxed{}}+\frac{1\times\boxed{}}{9\times\boxed{}}=\frac{\boxed{}}{54}+\frac{\boxed{}}{54}=\frac{\boxed{}}{54}=\frac{\boxed{}}{18}$$

(2) 공통분모를 6과 9의 최소공배수인 18로 통분하여 계산하시오.

$$\frac{5}{6}+\frac{1}{9}=\frac{5\times\boxed{}}{6\times\boxed{}}+\frac{1\times\boxed{}}{9\times\boxed{}}=\frac{\boxed{}}{18}+\frac{\boxed{}}{18}=\frac{\boxed{}}{18}$$

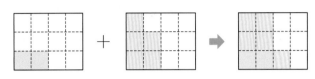
1 그림을 보고 □ 안에 알맞은 수를 써넣으시오.

$$\frac{1}{6} + \frac{5}{12} = \frac{\boxed{}}{12}$$

2 □ 안에 알맞은 수를 써넣으시오.

(1) $\dfrac{4}{7} + \dfrac{5}{14} = \dfrac{4 \times \boxed{}}{7 \times 2} + \dfrac{5}{14} = \dfrac{\boxed{}}{14} + \dfrac{5}{14} = \dfrac{\boxed{}}{14}$

(2) $\dfrac{3}{4} + \dfrac{2}{9} = \dfrac{3 \times \boxed{}}{4 \times 9} + \dfrac{2 \times \boxed{}}{9 \times \boxed{}} = \dfrac{\boxed{}}{36} + \dfrac{\boxed{}}{36} = \dfrac{\boxed{}}{36}$

3 보기와 같이 계산하시오.

> **3.** 공통분모를 분모의 최소 공배수로 하여 통분한 다음, 계산하는 방법입니다.

보기

$$\frac{5}{6} + \frac{1}{8} = \frac{5 \times 4}{6 \times 4} + \frac{1 \times 3}{8 \times 3} = \frac{20}{24} + \frac{3}{24} = \frac{23}{24}$$

$$\frac{1}{4} + \frac{3}{10}$$

4 계산을 하시오.

> **4.** 분모의 곱이나 분모의 최소공배수를 공통분모로 하여 통분한 다음, 계산합니다.

(1) $\dfrac{1}{3} + \dfrac{3}{7}$ (2) $\dfrac{2}{9} + \dfrac{4}{15}$

5 가영이는 $\dfrac{4}{15}$시간 동안 수학을 공부하였고, $\dfrac{2}{3}$시간 동안 영어를 공부하였습니다. 두 과목을 공부한 시간은 모두 몇 시간입니까?

(   )

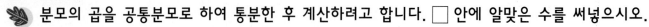

🍃 분모의 곱을 공통분모로 하여 통분한 후 계산하려고 합니다. ☐ 안에 알맞은 수를 써넣으시오.

[1~2]

1 $\dfrac{1}{5}+\dfrac{1}{6}=\dfrac{1\times\boxed{}}{5\times6}+\dfrac{1\times\boxed{}}{6\times5}=\dfrac{\boxed{}}{30}+\dfrac{\boxed{}}{30}=\dfrac{\boxed{}}{30}$

2 $\dfrac{1}{4}+\dfrac{5}{8}=\dfrac{1\times8}{4\times\boxed{}}+\dfrac{5\times4}{8\times\boxed{}}=\dfrac{8}{\boxed{}}+\dfrac{20}{\boxed{}}=\dfrac{28}{\boxed{}}=\dfrac{7}{\boxed{}}$

🍃 위와 같은 방법으로 계산하시오. [3~12]

3 $\dfrac{5}{8}+\dfrac{2}{7}$

4 $\dfrac{1}{3}+\dfrac{4}{9}$

5 $\dfrac{2}{3}+\dfrac{1}{4}$

6 $\dfrac{3}{10}+\dfrac{1}{4}$

7 $\dfrac{4}{15}+\dfrac{2}{3}$

8 $\dfrac{2}{9}+\dfrac{1}{6}$

9 $\dfrac{5}{12}+\dfrac{4}{7}$

10 $\dfrac{3}{10}+\dfrac{7}{15}$

11 $\dfrac{3}{8}+\dfrac{7}{12}$

12 $\dfrac{9}{20}+\dfrac{3}{16}$

분모의 최소공배수를 공통분모로 하여 통분한 후 계산하려고 합니다. ☐ 안에 알맞은 수를 써넣으시오. [13~14]

13 $\dfrac{3}{8}+\dfrac{5}{12}=\dfrac{3\times3}{8\times\boxed{}}+\dfrac{5\times2}{12\times\boxed{}}=\dfrac{9}{\boxed{}}+\dfrac{10}{\boxed{}}=\dfrac{19}{\boxed{}}$

14 $\dfrac{1}{6}+\dfrac{7}{9}=\dfrac{1\times\boxed{}}{6\times3}+\dfrac{7\times\boxed{}}{9\times2}=\dfrac{\boxed{}}{18}+\dfrac{\boxed{}}{18}=\dfrac{\boxed{}}{18}$

위와 같은 방법으로 계산하시오. [15~24]

15 $\dfrac{3}{8}+\dfrac{1}{6}$

16 $\dfrac{1}{4}+\dfrac{3}{8}$

17 $\dfrac{3}{10}+\dfrac{2}{5}$

18 $\dfrac{3}{5}+\dfrac{7}{20}$

19 $\dfrac{3}{5}+\dfrac{1}{3}$

20 $\dfrac{2}{9}+\dfrac{5}{12}$

21 $\dfrac{8}{15}+\dfrac{2}{9}$

22 $\dfrac{7}{16}+\dfrac{3}{10}$

23 $\dfrac{7}{27}+\dfrac{5}{18}$

24 $\dfrac{11}{21}+\dfrac{5}{14}$

5 단원

step 1 원리 꼼꼼

2. 받아올림이 있는 진분수의 덧셈 알아보기

🍀 **받아올림이 있는 분모가 다른 진분수의 덧셈**

분수를 통분하여 분모가 같은 분수로 고친 다음 분자끼리 더합니다.

- 분모의 곱을 이용하여 통분한 후 계산하기

$$\frac{3}{4}+\frac{5}{8}=\frac{3\times 8}{4\times 8}+\frac{5\times 4}{8\times 4}=\frac{24}{32}+\frac{20}{32}=\frac{44}{32}=1\frac{12}{32}=1\frac{3}{8}$$

- 분모의 최소공배수를 이용하여 통분한 후 계산하기

$$\frac{3}{4}+\frac{5}{8}=\frac{3\times 2}{4\times 2}+\frac{5}{8}=\frac{6}{8}+\frac{5}{8}=\frac{11}{8}=1\frac{3}{8}$$

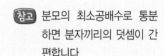

참고 분모의 최소공배수로 통분
하면 분자끼리의 덧셈이 간
편합니다.

원리 확인 ① 그림을 보고 □ 안에 알맞은 수를 써넣으시오.

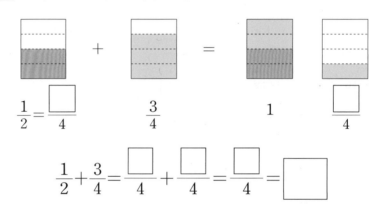

$$\frac{1}{2}=\frac{\Box}{4} \qquad \frac{3}{4} \qquad 1 \qquad \frac{\Box}{4}$$

$$\frac{1}{2}+\frac{3}{4}=\frac{\Box}{4}+\frac{\Box}{4}=\frac{\Box}{4}=\Box$$

원리 확인 ② $\frac{3}{4}+\frac{5}{6}$ 를 계산하려고 합니다. □ 안에 알맞은 수를 써넣으시오.

(1) 분모의 곱을 이용하여 통분한 후 계산하기

$$\frac{3}{4}+\frac{5}{6}=\frac{3\times 6}{4\times \Box}+\frac{5\times \Box}{6\times \Box}=\frac{\Box}{24}+\frac{\Box}{24}=\frac{\Box}{24}$$

$$=\Box\frac{\Box}{24}=\Box\frac{\Box}{12}$$

(2) 분모의 최소공배수를 이용하여 통분한 후 계산하기

$$\frac{3}{4}+\frac{5}{6}=\frac{3\times 3}{4\times \Box}+\frac{5\times \Box}{6\times \Box}=\frac{\Box}{12}+\frac{\Box}{12}=\frac{\Box}{12}=\Box\frac{\Box}{12}$$

1 그림을 보고 ☐ 안에 알맞은 수를 써넣으시오.

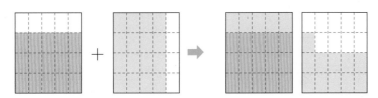

$$\frac{3}{4}+\frac{4}{5}=\frac{\boxed{}}{20}+\frac{\boxed{}}{20}=\frac{\boxed{}}{20}=\boxed{}$$

2 $\frac{5}{6}+\frac{5}{8}$ 를 계산하려고 합니다. ☐ 안에 알맞은 수를 써넣으시오.

(1) $\dfrac{5}{6}+\dfrac{5}{8}=\dfrac{5\times\boxed{}}{6\times 8}+\dfrac{5\times\boxed{}}{8\times 6}=\dfrac{\boxed{}}{48}+\dfrac{\boxed{}}{48}=\dfrac{\boxed{}}{48}$

$=\boxed{}\dfrac{\boxed{}}{48}=\boxed{}\dfrac{\boxed{}}{24}$

(2) $\dfrac{5}{6}+\dfrac{5}{8}=\dfrac{5\times\boxed{}}{6\times 4}+\dfrac{5\times\boxed{}}{8\times 3}=\dfrac{\boxed{}}{24}+\dfrac{\boxed{}}{24}$

$=\dfrac{\boxed{}}{24}=\boxed{}\dfrac{\boxed{}}{24}$

3 보기 와 같이 계산하시오.

보기
$$\frac{1}{2}+\frac{3}{4}=\frac{1\times 2}{2\times 2}+\frac{3}{4}=\frac{2}{4}+\frac{3}{4}=\frac{5}{4}=1\frac{1}{4}$$

$\dfrac{5}{6}+\dfrac{11}{12}$

4 계산을 하시오.

(1) $\dfrac{3}{4}+\dfrac{7}{9}$ 　　　　　(2) $\dfrac{5}{7}+\dfrac{5}{6}$

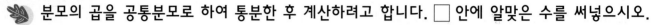

🍃 분모의 곱을 공통분모로 하여 통분한 후 계산하려고 합니다. □ 안에 알맞은 수를 써넣으시오.

[1~2]

1 $\dfrac{2}{3}+\dfrac{7}{9}=\dfrac{2\times\square}{3\times 9}+\dfrac{7\times\square}{9\times 3}=\dfrac{\square}{27}+\dfrac{\square}{27}=\dfrac{\square}{27}=\square\dfrac{\square}{27}=\square\dfrac{\square}{9}$

2 $\dfrac{7}{8}+\dfrac{4}{7}=\dfrac{7\times 7}{8\times\square}+\dfrac{4\times 8}{7\times\square}=\dfrac{49}{\square}+\dfrac{32}{\square}=\dfrac{81}{\square}=\square\dfrac{\square}{\square}$

🍃 위와 같은 방법으로 계산하시오. [3~12]

3 $\dfrac{4}{9}+\dfrac{5}{6}$

4 $\dfrac{3}{4}+\dfrac{5}{8}$

5 $\dfrac{2}{3}+\dfrac{4}{5}$

6 $\dfrac{5}{6}+\dfrac{3}{4}$

7 $\dfrac{7}{10}+\dfrac{2}{3}$

8 $\dfrac{5}{9}+\dfrac{5}{7}$

9 $\dfrac{5}{8}+\dfrac{7}{12}$

10 $\dfrac{11}{21}+\dfrac{13}{14}$

11 $\dfrac{7}{15}+\dfrac{13}{18}$

12 $\dfrac{9}{11}+\dfrac{7}{12}$

🍂 분모의 최소공배수를 공통분모로 하여 통분한 후 계산하려고 합니다. ☐ 안에 알맞은 수를 써넣으시오. [13~14]

13 $\dfrac{5}{8}+\dfrac{7}{12}=\dfrac{5\times\boxed{}}{8\times 3}+\dfrac{7\times\boxed{}}{12\times 2}=\dfrac{\boxed{}}{24}+\dfrac{\boxed{}}{24}=\dfrac{\boxed{}}{24}=\boxed{}\dfrac{\boxed{}}{24}$

14 $\dfrac{5}{6}+\dfrac{4}{9}=\dfrac{5\times 3}{6\times\boxed{}}+\dfrac{4\times 2}{9\times\boxed{}}=\dfrac{15}{\boxed{}}+\dfrac{8}{\boxed{}}=\dfrac{23}{\boxed{}}=\boxed{}\dfrac{5}{\boxed{}}$

🍃 위와 같은 방법으로 계산하시오. [15~24]

15 $\dfrac{1}{4}+\dfrac{7}{8}$

16 $\dfrac{8}{9}+\dfrac{1}{6}$

17 $\dfrac{9}{10}+\dfrac{3}{5}$

18 $\dfrac{2}{5}+\dfrac{17}{20}$

19 $\dfrac{11}{15}+\dfrac{5}{9}$

20 $\dfrac{16}{27}+\dfrac{11}{18}$

21 $\dfrac{9}{16}+\dfrac{11}{12}$

22 $\dfrac{10}{21}+\dfrac{9}{14}$

23 $\dfrac{5}{6}+\dfrac{8}{15}$

24 $\dfrac{4}{5}+\dfrac{5}{9}$

step 1 원리 꼼꼼

3. 받아올림이 있는 대분수의 덧셈 알아보기

🍀 **분모가 다른 대분수의 덧셈**

[방법 1] 두 분수를 통분한 다음, 자연수는 자연수끼리, 분수는 분수끼리 더합니다. 분수끼리의 합이
가분수이면 대분수로 고쳐서 자연수끼리의 합과 더합니다.

$$1\frac{1}{3}+2\frac{4}{5}=1\frac{5}{15}+2\frac{12}{15}=(1+2)+\left(\frac{5}{15}+\frac{12}{15}\right)=3+\frac{17}{15}=3+1\frac{2}{15}=4\frac{2}{15}$$

[방법 2] 대분수를 가분수로 고친 다음, 통분하여 계산합니다.

$$1\frac{1}{3}+2\frac{4}{5}=\frac{4}{3}+\frac{14}{5}=\frac{20}{15}+\frac{42}{15}=\frac{62}{15}=4\frac{2}{15}$$

원리 확인 1 그림을 보고 □ 안에 알맞은 수를 써넣으시오.

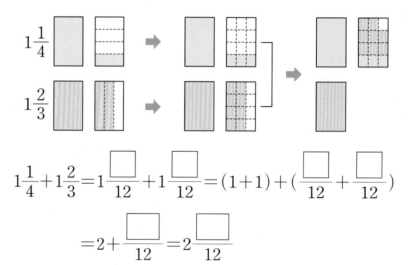

$$1\frac{1}{4}+1\frac{2}{3}=1\frac{\boxed{}}{12}+1\frac{\boxed{}}{12}=(1+1)+\left(\frac{\boxed{}}{12}+\frac{\boxed{}}{12}\right)$$

$$=2+\frac{\boxed{}}{12}=2\frac{\boxed{}}{12}$$

원리 확인 2 $2\frac{1}{3}+1\frac{5}{6}$ 를 여러 가지 방법으로 계산하려고 합니다. 물음에 답하시오.

(1) 자연수 부분과 분수 부분으로 나누어 계산하시오.

$$2\frac{1}{3}+1\frac{5}{6}=2\frac{\boxed{}}{6}+1\frac{5}{6}=(2+1)+\left(\frac{\boxed{}}{6}+\frac{5}{6}\right)=3+\frac{\boxed{}}{6}$$

$$=3+1\frac{\boxed{}}{6}=\boxed{}\frac{\boxed{}}{6}$$

(2) 대분수를 가분수로 고쳐서 계산하시오.

$$2\frac{1}{3}+1\frac{5}{6}=\frac{\boxed{}}{3}+\frac{\boxed{}}{6}=\frac{\boxed{}}{6}+\frac{\boxed{}}{6}=\frac{\boxed{}}{6}=\boxed{}\frac{\boxed{}}{6}$$

step 2 원리 탄탄

기본 문제를 통해 개념과 원리를 다져요.

1 그림에 $1\dfrac{1}{2}+1\dfrac{5}{8}$ 만큼 색칠하고, □ 안에 알맞은 수를 써넣으시오.

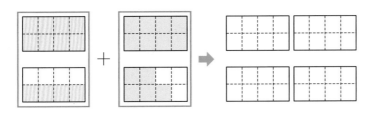

$$1\dfrac{1}{2}+1\dfrac{5}{8}=1\dfrac{\boxed{}}{8}+1\dfrac{5}{8}=2\dfrac{\boxed{}}{8}=\boxed{}\dfrac{\boxed{}}{8}$$

2 □ 안에 알맞은 수를 써넣으시오.

(1) $1\dfrac{3}{4}+3\dfrac{1}{7}=1\dfrac{\boxed{}}{28}+3\dfrac{\boxed{}}{28}=(1+3)+\left(\dfrac{\boxed{}}{28}+\dfrac{\boxed{}}{28}\right)$

$=4+\dfrac{\boxed{}}{28}=\boxed{}\dfrac{\boxed{}}{28}$

(2) $2\dfrac{1}{6}+2\dfrac{7}{8}=2\dfrac{\boxed{}}{24}+2\dfrac{\boxed{}}{24}=(2+2)+\left(\dfrac{\boxed{}}{24}+\dfrac{\boxed{}}{24}\right)$

$=4+\dfrac{\boxed{}}{24}=4+1\dfrac{\boxed{}}{24}=\boxed{}\dfrac{\boxed{}}{24}$

> **2.** 두 분수를 통분한 다음, 자연수는 자연수끼리, 분수는 분수끼리 더합니다. 분수끼리의 합이 가분수이면 대분수로 고쳐서 자연수끼리의 합과 더합니다.

3 □ 안에 알맞은 수를 써넣으시오.

$$2\dfrac{3}{4}+1\dfrac{1}{5}=\dfrac{\boxed{}}{4}+\dfrac{\boxed{}}{5}=\dfrac{\boxed{}}{20}+\dfrac{\boxed{}}{20}$$

$$=\dfrac{\boxed{}}{20}=\boxed{}\dfrac{\boxed{}}{20}$$

> **3.** 대분수를 가분수로 고친 다음, 통분하여 계산합니다.

4 계산을 하시오.

(1) $1\dfrac{2}{7}+3\dfrac{1}{8}$

(2) $2\dfrac{7}{9}+1\dfrac{11}{12}$

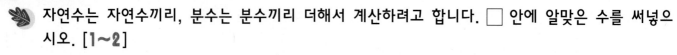

🍂 자연수는 자연수끼리, 분수는 분수끼리 더해서 계산하려고 합니다. ☐ 안에 알맞은 수를 써넣으시오. [1~2]

1 $1\frac{3}{4}+2\frac{1}{5}=(1+2)+(\dfrac{\boxed{}}{4}+\dfrac{\boxed{}}{5})=(1+2)+(\dfrac{\boxed{}}{20}+\dfrac{\boxed{}}{20})=3+\dfrac{\boxed{}}{20}=3\dfrac{\boxed{}}{20}$

2 $1\frac{5}{6}+2\frac{1}{4}=(1+\boxed{})+(\dfrac{\boxed{}}{6}+\dfrac{1}{4})=(1+\boxed{})+(\dfrac{\boxed{}}{12}+\dfrac{\boxed{}}{12})$

$=\boxed{}+\dfrac{\boxed{}}{12}=\boxed{}+1\dfrac{\boxed{}}{12}=\boxed{}\dfrac{\boxed{}}{12}$

🍂 위와 같은 방법으로 계산하시오. [3~12]

3 $2\frac{1}{3}+1\frac{2}{5}$

4 $3\frac{1}{6}+1\frac{1}{4}$

5 $4\frac{2}{3}+1\frac{1}{6}$

6 $2\frac{1}{4}+2\frac{3}{10}$

7 $4\frac{2}{3}+1\frac{6}{7}$

8 $1\frac{5}{8}+2\frac{9}{10}$

9 $1\frac{4}{9}+3\frac{5}{6}$

10 $3\frac{8}{15}+2\frac{7}{10}$

11 $1\frac{6}{11}+2\frac{3}{5}$

12 $2\frac{13}{24}+2\frac{11}{18}$

대분수를 가분수로 고친 후 통분하여 계산하려고 합니다. ☐ 안에 알맞은 수를 써넣으시오.

[13~14]

13 $3\dfrac{2}{3}+1\dfrac{3}{7}=\dfrac{\boxed{}}{3}+\dfrac{\boxed{}}{7}=\dfrac{\boxed{}}{21}+\dfrac{\boxed{}}{21}=\dfrac{\boxed{}}{21}=\boxed{}\dfrac{\boxed{}}{21}$

14 $1\dfrac{2}{5}+1\dfrac{5}{6}=\dfrac{\boxed{}}{5}+\dfrac{\boxed{}}{6}=\dfrac{\boxed{}}{30}+\dfrac{\boxed{}}{30}=\dfrac{\boxed{}}{30}=\boxed{}\dfrac{\boxed{}}{30}$

위와 같은 방법으로 계산하시오. [15~24]

15 $1\dfrac{1}{3}+2\dfrac{1}{5}$

16 $2\dfrac{1}{6}+2\dfrac{1}{4}$

17 $2\dfrac{5}{6}+1\dfrac{2}{3}$

18 $3\dfrac{1}{2}+1\dfrac{3}{4}$

19 $2\dfrac{1}{3}+1\dfrac{5}{7}$

20 $1\dfrac{7}{8}+1\dfrac{4}{9}$

21 $3\dfrac{5}{9}+2\dfrac{2}{3}$

22 $4\dfrac{5}{11}+2\dfrac{4}{5}$

23 $1\dfrac{7}{15}+2\dfrac{7}{10}$

24 $2\dfrac{13}{18}+3\dfrac{5}{12}$

4. 진분수의 뺄셈 알아보기

동영상강의

♣ **분모가 다른 진분수의 뺄셈**

[방법 1] 분모의 곱을 공통분모로 하여 통분한 다음, 분모는 그대로 두고 분자끼리 뺍니다.

$$\frac{4}{9} - \frac{1}{6} = \frac{4 \times 6}{9 \times 6} - \frac{1 \times 9}{6 \times 9} = \frac{24}{54} - \frac{9}{54} = \frac{15}{54} = \frac{5}{18}$$

[방법 2] 분모의 최소공배수를 공통분모로 하여 통분한 다음, 분모는 그대로 두고 분자끼리 뺍니다.

$$\frac{4}{9} - \frac{1}{6} = \frac{4 \times 2}{9 \times 2} - \frac{1 \times 3}{6 \times 3} = \frac{8}{18} - \frac{3}{18} = \frac{5}{18}$$

원리 확인 **1**

동영상강의

그림을 보고 □ 안에 알맞은 수를 써넣으시오.

$\frac{3}{4}$

$\frac{2}{3}$

$$\frac{3}{4} - \frac{2}{3} = \frac{\boxed{}}{12} - \frac{\boxed{}}{12} = \frac{\boxed{}}{12}$$

원리 확인 **2**

$\frac{5}{6} - \frac{3}{4}$ 을 여러 가지 방법으로 계산하려고 합니다. 물음에 답하시오.

(1) 공통분모를 6과 4의 곱인 24로 통분하여 계산하시오.

$$\frac{5}{6} - \frac{3}{4} = \frac{5 \times \boxed{}}{6 \times \boxed{}} - \frac{3 \times \boxed{}}{4 \times \boxed{}} = \frac{\boxed{}}{24} - \frac{\boxed{}}{24} = \frac{\boxed{}}{24} = \frac{\boxed{}}{12}$$

(2) 공통분모를 6과 4의 최소공배수인 12로 통분하여 계산하시오.

$$\frac{5}{6} - \frac{3}{4} = \frac{5 \times \boxed{}}{6 \times \boxed{}} - \frac{3 \times \boxed{}}{4 \times \boxed{}} = \frac{\boxed{}}{12} - \frac{\boxed{}}{12} = \frac{\boxed{}}{12}$$

step 2 원리 탄탄

1 그림에 $\frac{1}{2} - \frac{1}{8}$ 만큼 색칠하고, □ 안에 알맞은 수를 써넣으시오.

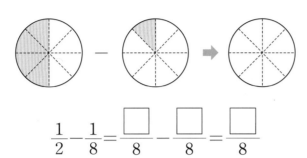

$$\frac{1}{2} - \frac{1}{8} = \frac{\boxed{}}{8} - \frac{\boxed{}}{8} = \frac{\boxed{}}{8}$$

1. 그림의 오른쪽 원에 $\frac{1}{2} - \frac{1}{8}$ 의 계산 결과만큼 색칠합니다.

2 □ 안에 알맞은 수를 써넣으시오.

(1) $\dfrac{8}{9} - \dfrac{2}{3} = \dfrac{8}{9} - \dfrac{2 \times \boxed{}}{3 \times \boxed{}} = \dfrac{8}{9} - \dfrac{\boxed{}}{9} = \dfrac{\boxed{}}{9}$

(2) $\dfrac{5}{7} - \dfrac{3}{5} = \dfrac{5 \times \boxed{}}{7 \times \boxed{}} - \dfrac{3 \times \boxed{}}{5 \times \boxed{}}$

$= \dfrac{\boxed{}}{35} - \dfrac{\boxed{}}{35} = \dfrac{\boxed{}}{35}$

3 와 같이 계산하시오.

> **보기**
>
> $$\frac{9}{10} - \frac{3}{4} = \frac{9 \times 4}{10 \times 4} - \frac{3 \times 10}{4 \times 10} = \frac{36}{40} - \frac{30}{40} = \frac{6}{40} = \frac{3}{20}$$

$\dfrac{7}{8} - \dfrac{1}{6}$

3. 공통분모를 분모의 곱으로 하여 통분한 다음, 계산하는 방법입니다.

4 계산을 하시오.

(1) $\dfrac{4}{5} - \dfrac{1}{3}$

(2) $\dfrac{5}{8} - \dfrac{5}{12}$

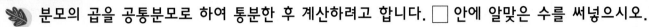
🍂 분모의 곱을 공통분모로 하여 통분한 후 계산하려고 합니다. ☐ 안에 알맞은 수를 써넣으시오.
[1~2]

1 $\dfrac{5}{6} - \dfrac{1}{9} = \dfrac{5 \times 9}{6 \times \boxed{}} - \dfrac{1 \times 6}{9 \times \boxed{}} = \dfrac{45}{\boxed{}} - \dfrac{6}{\boxed{}} = \dfrac{39}{\boxed{}} = \dfrac{13}{\boxed{}}$

2 $\dfrac{5}{8} - \dfrac{3}{7} = \dfrac{5 \times \boxed{}}{8 \times 7} - \dfrac{3 \times \boxed{}}{7 \times 8} = \dfrac{\boxed{}}{56} - \dfrac{\boxed{}}{56} = \dfrac{\boxed{}}{56}$

🍂 위와 같은 방법으로 계산하시오. [3~12]

3 $\dfrac{4}{5} - \dfrac{1}{4}$

4 $\dfrac{7}{8} - \dfrac{5}{6}$

5 $\dfrac{11}{12} - \dfrac{3}{4}$

6 $\dfrac{9}{10} - \dfrac{2}{3}$

7 $\dfrac{10}{13} - \dfrac{3}{7}$

8 $\dfrac{7}{10} - \dfrac{2}{9}$

9 $\dfrac{14}{15} - \dfrac{5}{8}$

10 $\dfrac{13}{20} - \dfrac{5}{16}$

11 $\dfrac{17}{18} - \dfrac{1}{4}$

12 $\dfrac{9}{14} - \dfrac{1}{4}$

🍂 분모의 최소공배수를 공통분모로 하여 통분한 후 계산하려고 합니다. ☐ 안에 알맞은 수를 써넣으시오. [13~14]

13 $\dfrac{3}{4} - \dfrac{1}{2} = \dfrac{3 \times 1}{4 \times \boxed{}} - \dfrac{1 \times 2}{2 \times \boxed{}} = \dfrac{3}{\boxed{}} - \dfrac{2}{\boxed{}} = \boxed{}$

14 $\dfrac{4}{5} - \dfrac{7}{10} = \dfrac{4 \times 2}{5 \times \boxed{}} - \dfrac{7 \times 1}{10 \times \boxed{}} = \dfrac{8}{\boxed{}} - \dfrac{7}{\boxed{}} = \boxed{}$

🍂 위와 같은 방법으로 계산하시오. [15~24]

15 $\dfrac{3}{4} - \dfrac{5}{8}$

16 $\dfrac{2}{3} - \dfrac{1}{6}$

17 $\dfrac{7}{10} - \dfrac{1}{4}$

18 $\dfrac{8}{9} - \dfrac{1}{3}$

19 $\dfrac{6}{7} - \dfrac{9}{14}$

20 $\dfrac{7}{12} - \dfrac{3}{8}$

21 $\dfrac{14}{15} - \dfrac{3}{5}$

22 $\dfrac{11}{18} - \dfrac{4}{15}$

23 $\dfrac{7}{10} - \dfrac{1}{12}$

24 $\dfrac{9}{14} - \dfrac{5}{21}$

원리 꼼꼼

5. 받아내림이 없는 대분수의 뺄셈 알아보기

🍀 **받아내림이 없는 분모가 다른 대분수의 뺄셈**

• 자연수는 자연수끼리, 분수는 분수끼리 빼서 계산하기

$$4\frac{2}{3} - 3\frac{1}{4} = (4-3) + (\frac{8}{12} - \frac{3}{12}) = 1 + \frac{5}{12} = 1\frac{5}{12}$$

참고 자연수는 자연수끼리, 분수는 분수끼리 계산하면 분수 부분의 계산이 쉽습니다.

• 대분수를 가분수로 고쳐서 계산하기

$$4\frac{2}{3} - 3\frac{1}{4} = \frac{14}{3} - \frac{13}{4} = \frac{56}{12} - \frac{39}{12} = \frac{17}{12} = 1\frac{5}{12}$$

---

 1 그림을 보고 □ 안에 알맞은 수를 써넣으시오.

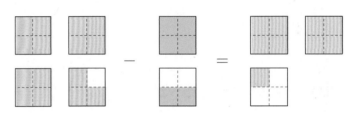

$$3\frac{3}{4} - 1\frac{1}{2} = (3-1) + (\frac{\square}{4} - \frac{\square}{4}) = 2 + \frac{\square}{4} = \square\frac{\square}{4}$$

---

 2 $2\frac{3}{5} - 1\frac{1}{4}$ 을 계산하려고 합니다. □ 안에 알맞은 수를 써넣으시오.

(1) 자연수는 자연수끼리, 분수는 분수끼리 빼서 계산하기

$$2\frac{3}{5} - 1\frac{1}{4} = (2-1) + (\frac{\square}{20} - \frac{\square}{20}) = \square + \frac{\square}{20} = \square\frac{\square}{20}$$

(2) 대분수를 가분수로 고쳐서 계산하기

$$2\frac{3}{5} - 1\frac{1}{4} = \frac{\square}{5} - \frac{\square}{4} = \frac{\square}{20} - \frac{\square}{20} = \frac{\square}{20} = \square\frac{\square}{20}$$

1 그림을 보고 □ 안에 알맞은 수를 써넣으시오.

$$2\frac{2}{3}-1\frac{1}{4}=(2-1)+(\frac{\square}{12}-\frac{\square}{12})=1+\frac{\square}{12}=1\frac{\square}{12}$$

2 $4\frac{1}{2}-2\frac{2}{7}$ 를 계산하려고 합니다. □ 안에 알맞은 수를 써넣으시오.

(1) $4\frac{1}{2}-2\frac{2}{7}=(4-2)+(\frac{\square}{14}-\frac{\square}{14})=2+\frac{\square}{14}=\square\frac{\square}{14}$

(2) $4\frac{1}{2}-2\frac{2}{7}=\frac{\square}{2}-\frac{\square}{7}=\frac{\square}{14}-\frac{\square}{14}$

$=\frac{\square}{14}=\square\frac{\square}{14}$

3 보기와 같이 계산하시오.

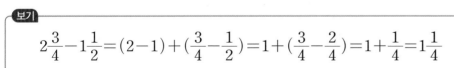

$$4\frac{5}{6}-2\frac{1}{8}$$

> **3.** 자연수는 자연수끼리, 분수는 분수끼리 계산한 후 자연수와 분수를 더합니다.

4 계산을 하시오.

(1) $4\frac{3}{4}-2\frac{2}{5}$ 　　　　　 (2) $2\frac{3}{5}-1\frac{4}{15}$

step 3 원리 척척

자연수는 자연수끼리, 분수는 분수끼리 빼서 계산하려고 합니다. ☐ 안에 알맞은 수를 써넣으시오. [1~2]

1 $3\frac{4}{5} - 2\frac{1}{2} = (3-2) + (\frac{\Box}{5} - \frac{\Box}{2}) = (3-2) + (\frac{\Box}{10} - \frac{\Box}{10}) = \Box + \frac{\Box}{10} = \Box$

2 $2\frac{3}{4} - 1\frac{1}{3} = (2-1) + (\frac{\Box}{4} - \frac{\Box}{3}) = (2-1) + (\frac{\Box}{12} - \frac{\Box}{12}) = 1 + \frac{\Box}{12} = \Box$

위와 같은 방법으로 계산하시오. [3~12]

3 $3\frac{1}{3} - 1\frac{1}{5}$

4 $4\frac{6}{7} - 2\frac{2}{3}$

5 $2\frac{5}{6} - 2\frac{3}{4}$

6 $5\frac{7}{9} - 3\frac{1}{8}$

7 $4\frac{9}{10} - 2\frac{3}{7}$

8 $6\frac{11}{12} - 1\frac{5}{8}$

9 $5\frac{9}{14} - 3\frac{4}{21}$

10 $9\frac{13}{20} - 4\frac{8}{25}$

11 $4\frac{8}{15} - 1\frac{2}{9}$

12 $5\frac{4}{5} - 3\frac{7}{12}$

🍂 대분수를 가분수로 고친 후 통분하여 계산하려고 합니다. ☐ 안에 알맞은 수를 써넣으시오.

[13~14]

13 $2\dfrac{3}{4}-1\dfrac{1}{2}=\dfrac{\boxed{}}{4}-\dfrac{\boxed{}}{2}=\dfrac{\boxed{}}{4}-\dfrac{\boxed{}}{4}=\dfrac{\boxed{}}{4}=\boxed{}$

14 $3\dfrac{2}{5}-2\dfrac{2}{7}=\dfrac{\boxed{}}{5}-\dfrac{\boxed{}}{7}=\dfrac{\boxed{}}{35}-\dfrac{\boxed{}}{35}=\dfrac{\boxed{}}{35}=\boxed{}$

🍃 위와 같은 방법으로 계산하시오. [15~24]

15 $7\dfrac{2}{3}-3\dfrac{1}{4}$

16 $5\dfrac{6}{7}-1\dfrac{2}{5}$

17 $3\dfrac{1}{4}-1\dfrac{1}{6}$

18 $2\dfrac{4}{5}-1\dfrac{2}{3}$

19 $8\dfrac{2}{5}-6\dfrac{1}{4}$

20 $4\dfrac{5}{6}-1\dfrac{3}{4}$

21 $6\dfrac{8}{9}-1\dfrac{5}{6}$

22 $8\dfrac{5}{6}-3\dfrac{1}{8}$

23 $5\dfrac{7}{10}-2\dfrac{1}{4}$

24 $6\dfrac{5}{9}-1\dfrac{1}{12}$

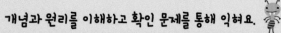

step 1 원리 꼼꼼

6. 받아내림이 있는 대분수의 뺄셈 알아보기

🍀 **받아내림이 있는 분모가 다른 대분수의 뺄셈**

[방법 1] 두 분수를 통분한 다음, 자연수는 자연수끼리, 분수는 분수끼리 뺍니다. 분수끼리 뺄 수 없을 때에는 자연수 부분에서 1을 받아내림하여 가분수로 고쳐서 계산합니다.

$$3\frac{1}{3}-1\frac{3}{7}=3\frac{7}{21}-1\frac{9}{21}=2\frac{28}{21}-1\frac{9}{21}=(2-1)+(\frac{28}{21}-\frac{9}{21})=1+\frac{19}{21}=1\frac{19}{21}$$

[방법 2] 대분수를 가분수로 고친 다음, 통분하여 계산합니다.

$$3\frac{1}{3}-1\frac{3}{7}=\frac{10}{3}-\frac{10}{7}=\frac{70}{21}-\frac{30}{21}=\frac{40}{21}=1\frac{19}{21}$$

원리 확인 1 그림을 보고 ☐ 안에 알맞은 수를 써넣으시오.

$$2\frac{2}{5}-1\frac{1}{2}=2\frac{\boxed{}}{10}-1\frac{\boxed{}}{10}=1\frac{\boxed{}}{10}-1\frac{\boxed{}}{10}$$

$$=(1-1)+(\frac{\boxed{}}{10}-\frac{\boxed{}}{10})=\frac{\boxed{}}{10}$$

원리 확인 2 $3\frac{1}{4}-1\frac{2}{3}$ 를 여러 가지 방법으로 계산하려고 합니다. 물음에 답하시오.

(1) 자연수 부분과 분수 부분으로 나누어 계산하시오.

$$3\frac{1}{4}-1\frac{2}{3}=3\frac{\boxed{}}{12}-1\frac{\boxed{}}{12}=2\frac{\boxed{}}{12}-1\frac{\boxed{}}{12}$$

$$=(2-1)+(\frac{\boxed{}}{12}-\frac{\boxed{}}{12})=1+\frac{\boxed{}}{12}=\boxed{}\frac{\boxed{}}{12}$$

(2) 대분수를 가분수로 고쳐서 계산하시오.

$$3\frac{1}{4}-1\frac{2}{3}=\frac{\boxed{}}{4}-\frac{\boxed{}}{3}=\frac{\boxed{}}{12}-\frac{\boxed{}}{12}=\frac{\boxed{}}{12}=\boxed{}\frac{\boxed{}}{12}$$

step 2 원리 탄탄

1 $3\frac{2}{3}-1\frac{5}{6}$ 는 얼마인지 알아보려고 합니다. 물음에 답하시오.

(1) 그림에 $3\frac{2}{3}$ 만큼 색칠하고 $1\frac{5}{6}$ 만큼 ×표로 지워서 $3\frac{2}{3}-1\frac{5}{6}$ 를 나타내시오.

(2) □ 안에 알맞은 수를 써넣으시오.

$$3\frac{2}{3}-1\frac{5}{6}=3\frac{\boxed{}}{6}-1\frac{5}{6}=2\frac{\boxed{}}{6}-1\frac{5}{6}=1\frac{\boxed{}}{6}$$

2 □ 안에 알맞은 수를 써넣으시오.

$$5\frac{1}{8}-2\frac{1}{6}=5\frac{\boxed{}}{24}-2\frac{\boxed{}}{24}=4\frac{\boxed{}}{24}-2\frac{\boxed{}}{24}$$

$$=(4-2)+\left(\frac{\boxed{}}{24}-\frac{\boxed{}}{24}\right)=2+\frac{\boxed{}}{24}$$

$$=\boxed{}\frac{\boxed{}}{24}$$

3. 두 분수를 통분한 다음, 자연수는 자연수끼리, 분수는 분수끼리 뺍니다. 분수끼리 뺄 수 없을 때에는 자연수 부분에서 1을 받아내림하여 가분수로 고쳐서 계산합니다.

3 □ 안에 알맞은 수를 써넣으시오.

$$2\frac{1}{5}-1\frac{2}{9}=\frac{\boxed{}}{5}-\frac{\boxed{}}{9}=\frac{\boxed{}}{45}-\frac{\boxed{}}{45}=\frac{\boxed{}}{45}$$

3. 대분수를 가분수로 고친 다음, 통분하여 계산합니다.

4 계산을 하시오.

(1) $3\frac{5}{8}-1\frac{2}{3}$

(2) $4\frac{7}{10}-2\frac{3}{4}$

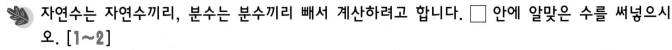

step **3** 원리 척척

🍂 자연수는 자연수끼리, 분수는 분수끼리 빼서 계산하려고 합니다. ☐ 안에 알맞은 수를 써넣으시오. [1~2]

1 $5\dfrac{1}{3}-2\dfrac{3}{4}=5\dfrac{\boxed{}}{12}-2\dfrac{\boxed{}}{12}=4\dfrac{\boxed{}}{12}-2\dfrac{\boxed{}}{12}=(4-2)+\left(\dfrac{\boxed{}}{12}-\dfrac{\boxed{}}{12}\right)$

$\qquad\qquad =\boxed{}+\dfrac{\boxed{}}{12}=\boxed{}$

2 $3\dfrac{2}{5}-1\dfrac{1}{2}=3\dfrac{\boxed{}}{10}-1\dfrac{\boxed{}}{10}=2\dfrac{\boxed{}}{10}-1\dfrac{\boxed{}}{10}=(2-\boxed{})+\left(\dfrac{\boxed{}}{10}-\dfrac{\boxed{}}{10}\right)$

$\qquad\qquad =\boxed{}+\dfrac{\boxed{}}{10}=\boxed{}$

🍂 위와 같은 방법으로 계산하시오. [3~12]

3 $3\dfrac{1}{2}-1\dfrac{2}{3}$

4 $7\dfrac{1}{3}-1\dfrac{3}{5}$

5 $4\dfrac{1}{7}-2\dfrac{3}{4}$

6 $6\dfrac{1}{9}-4\dfrac{5}{7}$

7 $5\dfrac{3}{8}-3\dfrac{5}{6}$

8 $3\dfrac{4}{5}-2\dfrac{7}{8}$

9 $8\dfrac{3}{10}-5\dfrac{3}{4}$

10 $7\dfrac{3}{8}-2\dfrac{11}{14}$

11 $5\dfrac{1}{6}-2\dfrac{7}{9}$

12 $9\dfrac{1}{4}-5\dfrac{5}{6}$

대분수를 가분수로 고친 후 통분하여 계산하려고 합니다. ☐ 안에 알맞은 수를 써넣으시오.
[13~14]

13 $3\dfrac{1}{4} - 1\dfrac{2}{5} = \dfrac{\Box}{4} - \dfrac{\Box}{5} = \dfrac{\Box}{20} - \dfrac{\Box}{20} = \dfrac{\Box}{20} = \boxed{}$

14 $2\dfrac{3}{8} - 1\dfrac{5}{6} = \dfrac{\Box}{8} - \dfrac{\Box}{6} = \dfrac{\Box}{24} - \dfrac{\Box}{24} = \dfrac{\Box}{24}$

위와 같은 방법으로 계산하시오. [15~24]

15 $4\dfrac{5}{12} - 2\dfrac{1}{2}$

16 $6\dfrac{1}{3} - 3\dfrac{4}{5}$

17 $4\dfrac{2}{7} - 1\dfrac{2}{3}$

18 $5\dfrac{5}{8} - 2\dfrac{5}{6}$

19 $7\dfrac{2}{5} - 3\dfrac{9}{10}$

20 $5\dfrac{1}{7} - 2\dfrac{1}{4}$

21 $6\dfrac{4}{9} - 3\dfrac{5}{6}$

22 $8\dfrac{2}{9} - 5\dfrac{6}{7}$

23 $5\dfrac{5}{12} - 1\dfrac{7}{9}$

24 $7\dfrac{4}{15} - 3\dfrac{19}{20}$

01 □ 안에 알맞은 수를 써넣으시오.

(1) $\dfrac{2}{3}+\dfrac{2}{7}=\dfrac{2\times\square}{3\times7}+\dfrac{2\times\square}{7\times\square}$

$=\dfrac{\square}{21}+\dfrac{\square}{\square}=\dfrac{\square}{\square}$

(2) $\dfrac{3}{14}+\dfrac{5}{8}=\dfrac{3\times\square}{14\times4}+\dfrac{5\times\square}{8\times\square}$

$=\dfrac{\square}{56}+\dfrac{\square}{\square}=\dfrac{\square}{\square}$

02 □ 안에 알맞은 수를 써넣으시오.

$\dfrac{5}{9}+\dfrac{1}{12}=\dfrac{\square}{36}+\dfrac{\square}{36}=\dfrac{\square}{36}$

03 계산을 하시오.

(1) $\dfrac{2}{5}+\dfrac{3}{8}$　　　　(2) $\dfrac{4}{21}+\dfrac{5}{6}$

04 규형이는 위인전을 어제는 전체의 $\dfrac{3}{7}$을, 오늘은 전체의 $\dfrac{2}{5}$를 읽었습니다. 어제와 오늘 읽은 위인전은 전체의 얼마입니까?

(　　　　　)

05 □ 안에 알맞은 수를 써넣으시오.

$1\dfrac{3}{8}+5\dfrac{1}{4}=1\dfrac{\square}{8}+5\dfrac{\square}{8}$

$=(1+\square)+\dfrac{\square}{8}$

$=\square$

06 □ 안에 알맞은 수를 써넣으시오.

$1\dfrac{5}{8}+2\dfrac{9}{10}=1\dfrac{\square}{40}+2\dfrac{\square}{40}$

$=3\dfrac{\square}{40}=\square$

07 빈 곳에 알맞은 수를 써넣으시오.

(1)

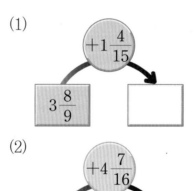

(2)

08 석기는 리본을 $4\dfrac{2}{5}$ m 가지고 있고, 용희는 리본을 석기보다 $2\dfrac{7}{8}$ m 더 가지고 있습니다. 용희가 가진 리본의 길이는 몇 m입니까?

(　　　　　)

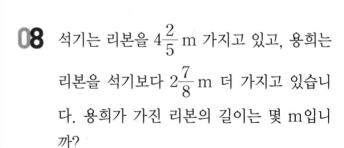

09 □ 안에 알맞은 수를 써넣으시오.

(1) $\dfrac{4}{5} - \dfrac{1}{4} = \dfrac{\boxed{}}{20} - \dfrac{\boxed{}}{20} = \boxed{}$

(2) $5\dfrac{9}{14} - 3\dfrac{4}{21} = 5\dfrac{\boxed{}}{42} - 3\dfrac{\boxed{}}{42}$

$= \boxed{}$

10 계산을 하시오.

(1) $\dfrac{7}{12} - \dfrac{3}{8}$ (2) $\dfrac{13}{20} - \dfrac{5}{16}$

(3) $5\dfrac{7}{9} - 3\dfrac{1}{8}$ (4) $8\dfrac{3}{10} - 5\dfrac{3}{4}$

11 두 분수의 차를 구하시오.

(1)
$$\dfrac{5}{9}, \dfrac{5}{12}$$

(2)
$$8\dfrac{5}{8}, 2\dfrac{11}{12}$$

(   ) (   )

12 ○ 안에 >, =, <를 알맞게 써넣으시오.

$$\dfrac{2}{3} - \dfrac{3}{8} \bigcirc 4\dfrac{1}{6} - 3\dfrac{7}{8}$$

13 빈 곳에 알맞은 분수를 써넣으시오.

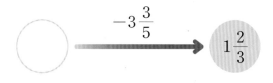

14 가장 큰 분수와 가장 작은 분수의 차를 구하시오.

$$\dfrac{2}{3}, \quad \dfrac{5}{7}, \quad \dfrac{7}{9}$$

(   )

15 □ 안에 들어갈 수 있는 자연수를 모두 구하시오.

$$6\dfrac{4}{15} - 2\dfrac{5}{12} < \boxed{} < 5\dfrac{1}{6} + 3\dfrac{9}{10}$$

(   )

16 어떤 수에서 $3\dfrac{2}{3}$를 빼야 할 것을 잘못하여 더했더니 $9\dfrac{1}{4}$이 되었습니다. 바르게 계산한 값을 구하시오.

(   )

01 그림을 보고 □ 안에 알맞은 수를 써넣으시오.

$\dfrac{5}{7}$　→　$\dfrac{\square}{28}$

$\dfrac{1}{4}$　→　$\dfrac{\square}{28}$

$$\dfrac{5}{7}+\dfrac{1}{4}=\dfrac{\square}{28}+\dfrac{\square}{28}=\dfrac{\square}{28}$$

02 □ 안에 알맞은 수를 써넣으시오.

$$3\dfrac{6}{7}+1\dfrac{8}{9}=(3+1)+\left(\dfrac{\square}{7}+\dfrac{\square}{9}\right)$$
$$=(3+1)+\left(\dfrac{\square}{63}+\dfrac{\square}{63}\right)$$
$$=4+\square\dfrac{\square}{63}=\square$$

03 계산을 하시오.

(1) $\dfrac{4}{7}+\dfrac{1}{3}$

(2) $\dfrac{5}{12}+\dfrac{3}{14}$

04 계산을 하시오.

(1) $\dfrac{2}{3}+\dfrac{6}{7}$

(2) $\dfrac{8}{15}+\dfrac{17}{18}$

05 계산을 하시오.

(1) $6\dfrac{3}{4}+2\dfrac{2}{9}$

(2) $1\dfrac{7}{15}+2\dfrac{11}{12}$

06 계산 결과가 <u>잘못된</u> 것은 어느 것입니까?
(　　　　)

① $\dfrac{1}{2}+\dfrac{1}{3}=\dfrac{5}{6}$ 　　② $\dfrac{2}{5}+\dfrac{3}{4}=1\dfrac{3}{20}$

③ $\dfrac{3}{8}+\dfrac{3}{5}=\dfrac{39}{40}$ 　　④ $\dfrac{4}{7}+\dfrac{1}{6}=\dfrac{31}{42}$

⑤ $\dfrac{5}{9}+\dfrac{7}{12}=\dfrac{5}{36}$

07 다음 중 받아올림이 있는 덧셈식은 어느 것입니까? (　　　　)

① $2\dfrac{1}{3}+1\dfrac{3}{5}$ 　　② $3\dfrac{7}{10}+2\dfrac{1}{7}$

③ $1\dfrac{3}{4}+4\dfrac{5}{6}$ 　　④ $2\dfrac{3}{8}+2\dfrac{1}{4}$

⑤ $1\dfrac{5}{12}+6\dfrac{3}{8}$

08 빈 곳에 알맞은 수를 써넣으시오.

09 그림을 보고 □ 안에 알맞은 수를 써넣으시오.

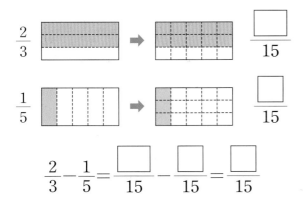

$$\frac{2}{3} - \frac{1}{5} = \frac{\boxed{}}{15} - \frac{\boxed{}}{15} = \frac{\boxed{}}{15}$$

10 □ 안에 알맞은 수를 써넣으시오.

$$5\frac{5}{6} - 2\frac{3}{4} = (5-2) + \left(\frac{\boxed{}}{6} - \frac{\boxed{}}{4}\right)$$
$$= (5-2) + \left(\frac{\boxed{}}{12} - \frac{\boxed{}}{12}\right)$$
$$= \boxed{}$$

11 계산을 하시오.

(1) $\frac{5}{6} - \frac{3}{7}$

(2) $\frac{11}{10} - \frac{1}{6}$

12 계산을 하시오.

(1) $3\frac{7}{10} - 1\frac{1}{12}$

(2) $4\frac{5}{8} - 1\frac{2}{5}$

13 계산을 하시오.

(1) $8\frac{4}{9} - 5\frac{6}{7}$

(2) $5\frac{5}{12} - 2\frac{8}{9}$

14 빈 곳에 알맞은 수를 써넣으시오.

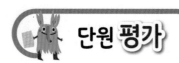

15 두 분수의 합과 차를 구하시오.

$$9\frac{4}{11} \quad 5\frac{7}{8}$$

합 (   )

차 (   )

🌿 □ 안에 알맞은 수를 써넣으시오.

[16~17]

16

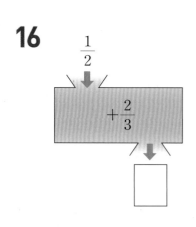

$$\frac{1}{2}$$

$$+\frac{2}{3}$$

17

$$\frac{7}{8}$$

$$-\frac{3}{4}$$

18 빈칸에 알맞은 기약분수를 써넣으시오.

$+$		
$4\frac{1}{6}$	$7\frac{11}{24}$	
$2\frac{3}{10}$	$5\frac{2}{3}$	

(−)

19 오른쪽 직사각형의 가로와 세로의 합과 가로와 세로의 차는 각각 몇 cm입니까?

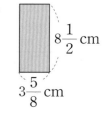

$8\frac{1}{2}$ cm

$3\frac{5}{8}$ cm

합 (   )

차 (   )

20 계산 결과를 비교하여 ○ 안에 >, =, < 를 알맞게 써넣으시오.

$$\frac{3}{8}+\frac{1}{4} \bigcirc \frac{5}{6}-\frac{1}{3}$$

6 다각형의 둘레와 넓이

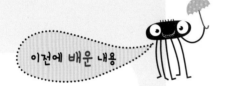

이번에 배울 내용

step 1 원리 꼼꼼

1. 정다각형과 사각형의 둘레 구하기

❀ 정다각형의 둘레

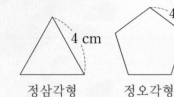

정삼각형　정오각형

(정다각형의 둘레)=(한 변의 길이)×(변의 수)

(정삼각형의 둘레)=$4×3=12$(cm)

(정오각형의 둘레)=$4×5=20$(cm)

❀ 직사각형의 둘레

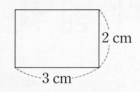

(직사각형의 둘레)=(가로)×2+(세로)×2

$\quad\quad\quad\quad\quad\quad$={(가로)+(세로)}×2

➡ $(3+2)×2=10$(cm)　가로와 세로가 각각 2개씩 있습니다.

❀ 평행사변형의 둘레

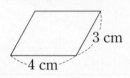

(평행사변형의 둘레)

=(한 변의 길이)×2+(다른 변의 길이)×2

={(한 변의 길이)+(다른 변의 길이)}×2

➡ $(4+3)×2=14$(cm)

❀ 마름모의 둘레

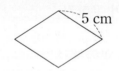

(마름모의 둘레)

=(한 변의 길이)×4

➡ $5×4=20$(cm)

원리 확인 ❶　정육각형과 사각형의 둘레를 구하시오.

 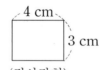  

〈정육각형〉　　〈직사각형〉　　〈평행사변형〉　　〈마름모〉

(1) (정육각형의 둘레)=(한 변의 길이)×6=□×□=□(cm)

(2) (직사각형의 둘레)={(가로)+(세로)}×2=(□+□)×□=□(cm)

(3) (평행사변형의 둘레)={(한 변의 길이)+(다른 변의 길이)}×2

$\quad\quad\quad\quad\quad\quad\quad$=(□+□)×□=□(cm)

(4) (마름모의 둘레)=(한 변의 길이)×4=□×□=□(cm)

1 정다각형의 둘레를 구하시오.

(1)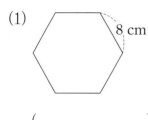

8 cm

(   )

(2)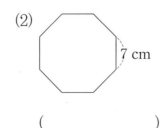

7 cm

(   )

2 직사각형의 둘레를 구하시오.

(1)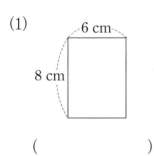

6 cm
8 cm

(   )

(2)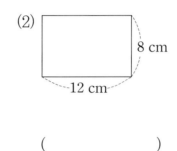

8 cm
12 cm

(   )

3 평행사변형의 둘레를 구하시오.

(1)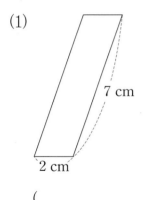

7 cm
2 cm

(   )

(2)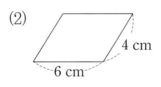

4 cm
6 cm

(   )

4 마름모의 둘레를 구하시오.

(1)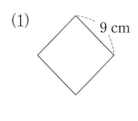

9 cm

(   )

(2)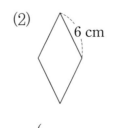

6 cm

(   )

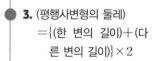

2. (직사각형의 둘레)
=｛(가로)＋(세로)｝×2

3. (평행사변형의 둘레)
=｛(한 변의 길이)＋(다른 변의 길이)｝×2

6
단원

 정다각형의 둘레를 구하시오. [1~4]

1

6 cm

☐ cm

2
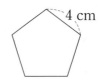
4 cm

☐ cm

3
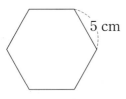
5 cm

☐ cm

4
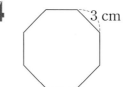
3 cm

☐ cm

 직사각형의 둘레를 구하시오. [5~8]

5
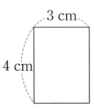
3 cm
4 cm

☐ cm

6
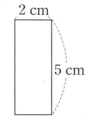
2 cm
5 cm

☐ cm

7
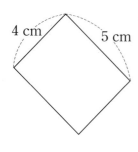
4 cm   5 cm

☐ cm

8
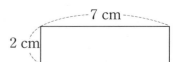
7 cm
2 cm

☐ cm

🍂 평행사변형의 둘레를 구하시오. [9~12]

9

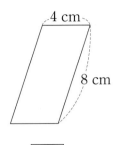

4 cm
8 cm

☐ cm

10

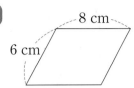

8 cm
6 cm

☐ cm

11

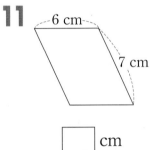

6 cm
7 cm

☐ cm

12

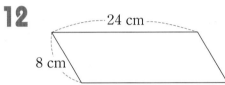

24 cm
8 cm

☐ cm

🍂 마름모의 둘레를 구하시오. [13~16]

13

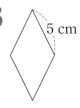

5 cm

☐ cm

14

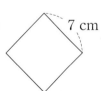

7 cm

☐ cm

15

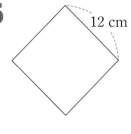

12 cm

☐ cm

16

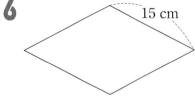

15 cm

☐ cm

원리 꼼꼼

2. 1 cm²를 알고 직사각형의 넓이 구하기

❀ 1 cm²

한 변의 길이가 1 cm인 정사각형의 넓이를 1 cm²라 쓰고
1 제곱센티미터라고 읽습니다.

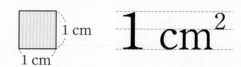

❀ 직사각형의 넓이

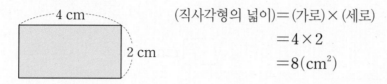

(직사각형의 넓이)=(가로)×(세로)
        =4×2
        =8(cm²)

❀ 정사각형의 넓이

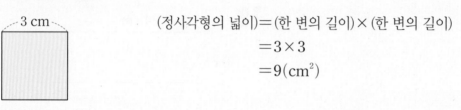

(정사각형의 넓이)=(한 변의 길이)×(한 변의 길이)
        =3×3
        =9(cm²)

원리 확인 ❶ 가로가 5 cm이고 세로가 3 cm인 직사각형의 넓이를 구하려고 합니다. 물음에 답하시오.

1 cm²

(1) 직사각형에는 1 cm²가 모두 몇 개 있습니까?

(   )

(2) 직사각형의 넓이는 몇 cm²입니까?

(   )

원리 확인 ❷ 한 변의 길이가 4 cm인 정사각형의 넓이를 구하려고 합니다. 물음에 답하시오.

1 cm²

(1) 정사각형에는 1 cm²가 모두 몇 개 있습니까?

(   )

(2) 정사각형의 넓이는 몇 cm²입니까?

(   )

step 2 원리 탄탄

기본 문제를 통해 개념과 원리를 다져요.

1 □ 안에 알맞게 써넣으시오.

(1) 한 변의 길이가 1 cm인 정사각형의 넓이를 [   ]라고 합니다.

(2) 1 cm²를 [   ]라고 읽습니다.

2 직사각형의 넓이가 가장 넓은 것부터 차례로 기호를 쓰시오.

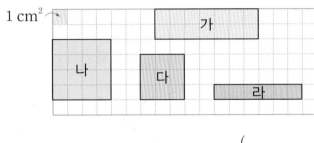

(   )

3 직사각형의 넓이를 구하시오.

(1)
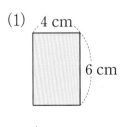
4 cm
6 cm

(2)
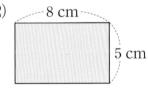
8 cm
5 cm

(   ) (   )

4 정사각형의 넓이를 구하시오.

(1)
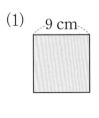
9 cm

(2)
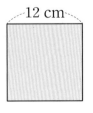
12 cm

(   ) (   )

3. (직사각형의 넓이)
= (가로) × (세로)

4. (정사각형의 넓이)
= (한 변의 길이)
× (한 변의 길이)

6. 다각형의 둘레와 넓이 · **147**

🌿 단위넓이를 이용하여 직사각형의 넓이를 비교해 보시오. [1~6]

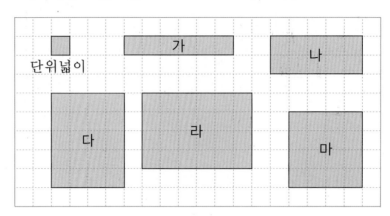

1 가는 단위넓이의 ☐ 배입니다.

2 나는 단위넓이의 ☐ 배입니다.

3 다는 단위넓이의 ☐ 배입니다.

4 라는 단위넓이의 ☐ 배입니다.

5 마는 단위넓이의 ☐ 배입니다.

6 넓이가 가장 넓은 것부터 차례로 쓰면 ☐, ☐, ☐, ☐, ☐ 입니다.

🌿 직사각형의 넓이를 구하시오. [7~12]

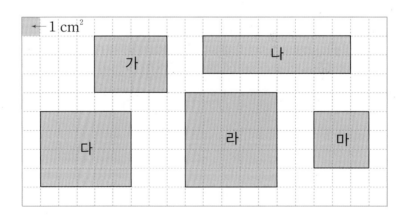

7 가의 넓이는 ☐ cm^2입니다.

8 나의 넓이는 ☐ cm^2입니다.

9 다의 넓이는 ☐ cm^2입니다.

10 라의 넓이는 ☐ cm^2입니다.

11 마의 넓이는 ☐ cm^2입니다.

12 넓이가 가장 넓은 것부터 차례로 쓰면 ☐, ☐, ☐, ☐, ☐ 입니다.

🍂 직사각형의 넓이를 구하시오. [13~16]

13

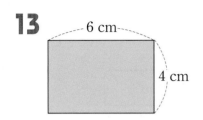
6 cm
4 cm

☐ cm²

14

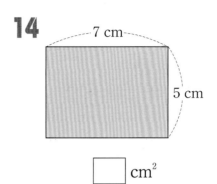
7 cm
5 cm

☐ cm²

15

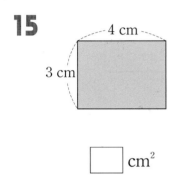
4 cm
3 cm

☐ cm²

16

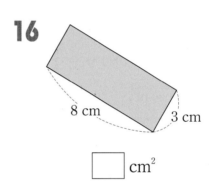
8 cm
3 cm

☐ cm²

🍃 정사각형의 넓이를 구하시오. [17~20]

17

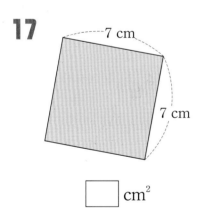
7 cm
7 cm

☐ cm²

18

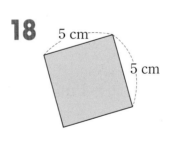
5 cm
5 cm

☐ cm²

19

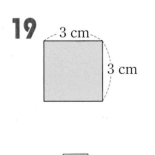
3 cm
3 cm

☐ cm²

20

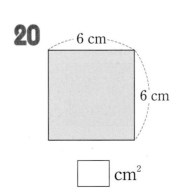
6 cm
6 cm

☐ cm²

6
단원

step 1 원리 꼼꼼

개념과 원리를 이해하고 확인 문제를 통해 익혀요.

3. 1 cm²보다 더 큰 넓이의 단위 알아보기

🍀 **1 m² 알아보기**

한 변의 길이가 1 m인 정사각형의 넓이를 1 m²라 쓰고 1 제곱미터라고 읽습니다.

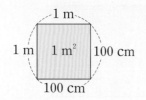

$$10000 \text{ cm}^2 = 1 \text{ m}^2$$

🍀 **1 km² 알아보기**

한 변의 길이가 1 km인 정사각형의 넓이를 1 km²라 쓰고 1 제곱킬로미터라고 읽습니다.

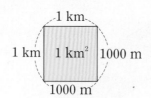

$$1000000 \text{ m}^2 = 1 \text{ km}^2$$

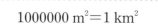

원리 확인 1

그림을 보고 ☐ 안에 알맞은 수를 써넣으시오.

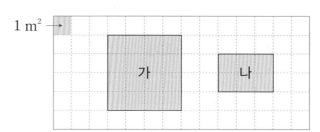

(1) 정사각형 가는 1 m²가 ☐ 번 들어가므로 넓이는 ☐ m²입니다.

(2) 직사각형 나는 1 m²가 ☐ 번 들어가므로 넓이는 ☐ m²입니다.

원리 확인 2

도형의 넓이를 구하시오.

(1)
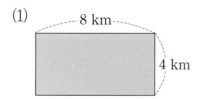

☐ × ☐ = ☐ (km²)

(2)
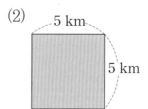

☐ × ☐ = ☐ (km²)

step 2 원리 탄탄

1 그림을 보고 □ 안에 알맞은 수를 써넣으시오.

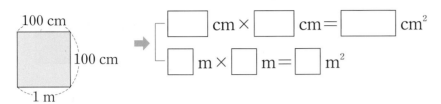

$$\boxed{} \text{cm} \times \boxed{} \text{cm} = \boxed{} \text{cm}^2$$

$$\boxed{} \text{m} \times \boxed{} \text{m} = \boxed{} \text{m}^2$$

2 직사각형의 넓이를 구하시오.

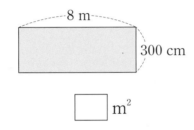

$$\boxed{} \text{m}^2$$

> **2.** 넓이의 단위를 확인하여 길이의 단위를 어느 것으로 같게 할 지를 결정합니다.

3 □ 안에 알맞은 수를 써넣으시오.

(1) $6 \text{ m}^2 = \boxed{} \text{cm}^2$

(2) $15 \text{ m}^2 = \boxed{} \text{cm}^2$

(3) $70000 \text{ cm}^2 = \boxed{} \text{m}^2$

(4) $160000 \text{ cm}^2 = \boxed{} \text{m}^2$

(5) $8 \text{ km}^2 = \boxed{} \text{m}^2$

(6) $12 \text{ km}^2 = \boxed{} \text{m}^2$

(7) $4000000 \text{ m}^2 = \boxed{} \text{km}^2$

(8) $9000000 \text{ m}^2 = \boxed{} \text{km}^2$

> **3.** $1 \text{ m}^2 = 10000 \text{ cm}^2$, $1 \text{ km}^2 = 1000000 \text{ m}^2$를 이용합니다.

4 직사각형의 넓이를 구하시오.

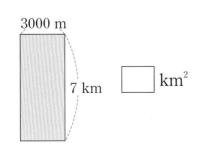

$$\boxed{} \text{km}^2$$

step 3 원리 척척

오른쪽 직사각형의 넓이를 알아보시오. [1~4]

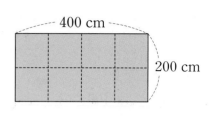

1 가로는 몇 m입니까?

( )

2 세로는 몇 m입니까?

( )

3 직사각형에는 1 m²가 몇 번 들어갑니까?

( )

4 직사각형의 넓이는 몇 m²입니까?

( )

직사각형의 넓이를 구하시오. [5~6]

5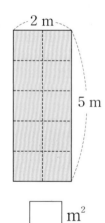

□ m²

6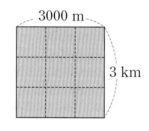

□ km²

오른쪽 직사각형의 넓이를 알아보시오. [7~8]

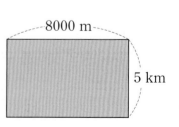

7 가로는 몇 km입니까?

( )

8 직사각형의 넓이는 몇 km²입니까?

( )

🍂 직사각형의 넓이를 구하시오. [9~12]

9
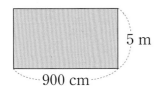
5 m
900 cm

□ × □ = □ (m²)

10
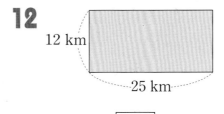
8000 m
3 km

□ × □ = □ (km²)

11
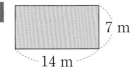
7 m
14 m

□ m²

12
12 km
25 km

□ km²

🍂 정사각형의 넓이를 구하시오. [13~16]

13

9 m

□ × □ = □ (m²)

14
5 km

□ × □ = □ (km²)

15

6 m

□ m²

16
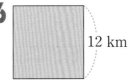
12 km

□ km²

🍂 □ 안에 알맞은 단위를 써넣으시오. [17~18]

17 축구장의 넓이는 7140 □ 입니다.

18 서울특별시의 넓이는 605 □ 입니다.

step 1 원리 꼼꼼

개념과 원리를 이해하고 확인 문제를 통해 익혀요.

4. 평행사변형의 넓이 구하기

❀ **평행사변형의 구성 요소**

평행사변형에서 평행한 두 변을 밑변이라 하고, 두 밑변 사이의 거리를 높이라고 합니다.

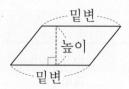

❀ **평행사변형을 직사각형으로 만들어 넓이 구하기**

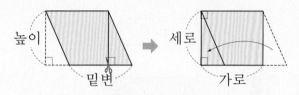

(평행사변형의 넓이)＝(직사각형의 넓이)
＝(가로)×(세로)
＝(밑변)×(높이)

(평행사변형의 넓이)＝(밑변)×(높이)

원리 확인 ① 평행사변형을 직사각형으로 만들어 넓이를 구하려고 합니다. ☐ 안에 알맞은 수나 말을 써넣으시오.

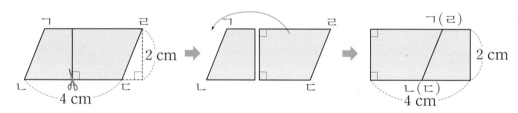

(평행사변형의 넓이)＝(직사각형의 넓이)＝(가로)×(☐)

＝(☐)×(높이)＝4×☐＝☐(cm²)

원리 확인 ② 밑변의 길이가 같고 높이가 같은 평행사변형의 넓이를 비교하려고 합니다. ☐ 안에 알맞은 수를 써넣고, 알맞은 말에 ○표 하시오.

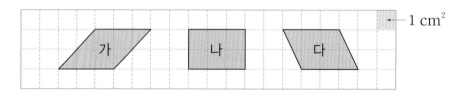

(1) 가의 넓이는 ☐ cm², 나의 넓이는 ☐ cm², 다의 넓이는 ☐ cm²입니다.

(2) 밑변의 길이가 같고 높이가 같은 평행사변형은 모양이 달라도 넓이는
(같습니다, 다릅니다).

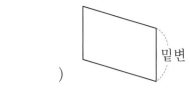
1 오른쪽 평행사변형의 높이를 재어 보시오.

(   )

밑변

● **1.** 평행사변형의 높이는 두 밑변 사이의 거리입니다.

2 밑변이 5 cm이고 높이가 4 cm인 평행사변형을 다음과 같이 자른 후, 직사각형을 만들었습니다. 물음에 답하시오.

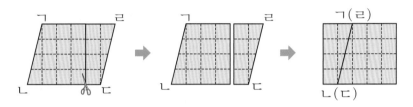

(1) 만들어진 직사각형의 넓이는 몇 cm²입니까?

(   )

(2) 평행사변형 ㄱㄴㄷㄹ의 넓이는 몇 cm²입니까?

(   )

3 평행사변형의 넓이를 구하시오.

(1)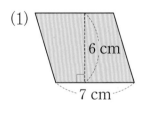
6 cm
7 cm

(2)
5 cm
3 cm

(   )   (   )

● **3.** (평행사변형의 넓이)
  ＝(밑변)×(높이)

4 넓이가 <u>다른</u> 평행사변형을 찾아 기호를 쓰시오.

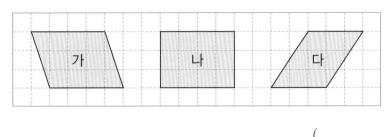

가   나   다

(   )

● **4.** 평행사변형의 밑변의 길이와 높이를 비교해 봅니다.

6
단원

step 3 원리 척척

🌿 평행사변형의 넓이를 구하시오. [1~8]

1

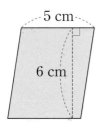

5 cm
6 cm

$\square \times \square = \square \ (cm^2)$

2

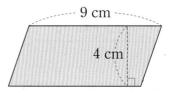

9 cm
4 cm

$\square \times \square = \square \ (cm^2)$

3

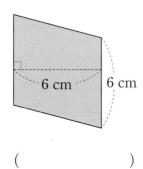

6 cm   6 cm

(   )

4

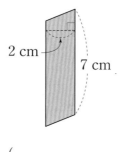

2 cm   7 cm

(   )

5

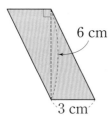

6 cm
3 cm

(   )

6

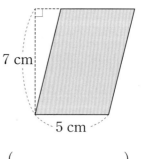

7 cm
5 cm

(   )

7

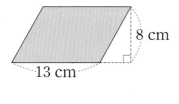

8 cm
13 cm

(   )

8

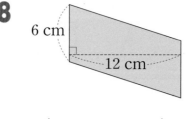

6 cm
12 cm

(   )

9 각 평행사변형의 넓이를 구하고 □ 안에 알맞은 말을 써넣으시오.

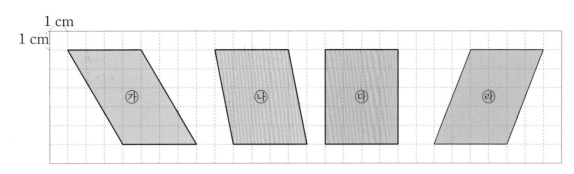

1 cm
1 cm

- ㉮ : □ cm², ㉯ : □ cm², ㉰ : □ cm², ㉱ : □ cm²

- 평행사변형 ㉮, ㉯, ㉰, ㉱는 모양이 서로 다르지만 □ 의 길이와 □ 가 같으므로 각 평행사변형의 넓이는 모두 같습니다.

10 넓이가 <u>다른</u> 평행사변형을 찾아 기호를 쓰시오.

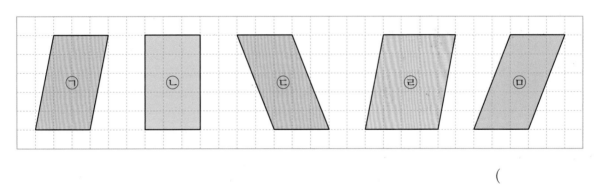

(   )

11 모눈종이에 왼쪽의 평행사변형과 넓이가 같고 모양이 다른 평행사변형을 2개 그려 보시오.

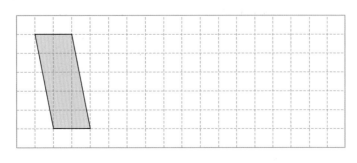

step 1 원리 꼼꼼

5. 삼각형의 넓이 구하기

❀ **삼각형의 구성 요소**

삼각형의 한 변을 밑변이라고 하면 밑변과 마주 보는 꼭짓점에서 밑변에 수직으로 그은 선분의 길이를 높이라고 합니다.

❀ **삼각형을 평행사변형으로 만들어 넓이 구하기**

(삼각형의 넓이)＝(평행사변형의 넓이)÷2
　　　　　　　＝(밑변)×(높이)÷2

원리 확인 1

삼각형의 높이를 나타내시오.

(1)
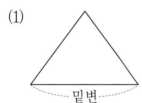

(2)
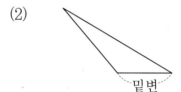

원리 확인 2

합동인 삼각형 2개로 평행사변형을 만들어 삼각형의 넓이를 구하려고 합니다. □ 안에 알맞은 수를 써넣으시오.

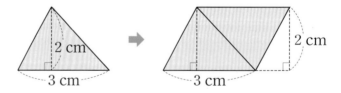

(1) 만들어진 평행사변형의 넓이는 삼각형의 넓이의 □배입니다.

(2) (삼각형의 넓이)＝(평행사변형의 넓이)÷□

$$=3 \times \boxed{} \div \boxed{} = \boxed{} (cm^2)$$

step 2 원리 탄탄

기본 문제를 통해 개념과 원리를 다져요.

1 오른쪽 삼각형의 넓이가 10 cm²일 때, ☐ 안에 알맞은 수를 써넣으시오.

$$(밑변) \times \boxed{} \div 2 = 10,$$

$$(밑변) = 10 \times 2 \div \boxed{} = \boxed{} (cm)$$

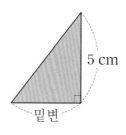

● **1.** (삼각형의 넓이)
= (밑변) × (높이) ÷ 2
임을 이용하여 구합니다.

2 삼각형의 넓이를 구하시오.

(1)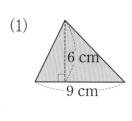

(   )

(2)

(   )

3 그림에서 직선 ㉠과 직선 ㉡은 서로 평행합니다. ☐ 안에 알맞은 말을 써넣으시오.

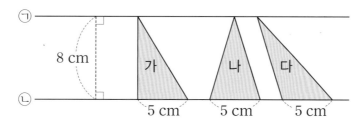

삼각형 가, 나, 다는 모양이 서로 다르지만 ☐☐의 길이가 같고 ☐☐ 가 같으므로 넓이가 모두 같습니다.

4 넓이가 다른 삼각형을 찾아 기호를 쓰시오.

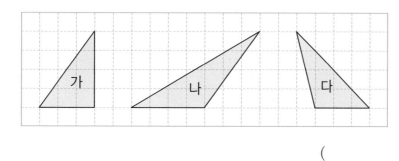

(   )

● **4.** 삼각형의 밑변의 길이와 높이를 비교해 봅니다.

6
단원

step 3 원리 척척

 삼각형의 넓이를 구하시오. [1~8]

1
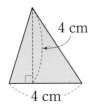
4 cm
4 cm

$4 \times \boxed{} \div 2 = \boxed{} (cm^2)$

2
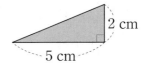
2 cm
5 cm

$\boxed{} \times 2 \div 2 = \boxed{} (cm^2)$

3
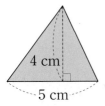
4 cm
5 cm

(   )

4
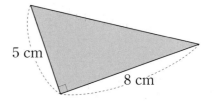
5 cm
8 cm

(   )

5
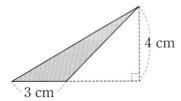
4 cm
3 cm

(   )

6
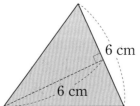
6 cm
6 cm

(   )

7
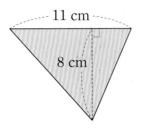
11 cm
8 cm

(   )

8
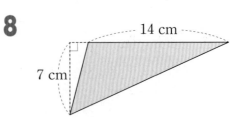
14 cm
7 cm

(   )

삼각형의 높이 또는 밑변을 구하시오. [9~12]

9

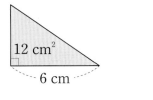

(높이)=□×2÷□=□(cm)

10

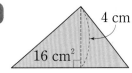

(밑변)=□×2÷□=□(cm)

11

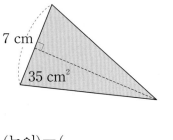

(높이)=(   )

12

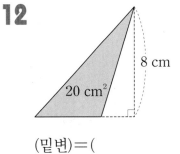

(밑변)=(   )

13 각 삼각형의 넓이를 구하고 □ 안에 알맞은 말을 써넣으시오.

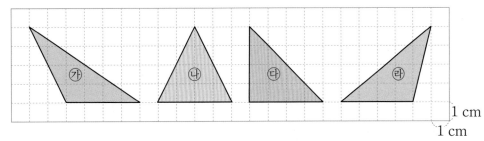

• ㉮ : □ cm², ㉯ : □ cm², ㉰ : □ cm², ㉱ : □ cm²

• 삼각형 ㉮, ㉯, ㉰, ㉱는 모양이 서로 다르지만 □의 길이와 □가 같으므로 각 삼각형의 넓이는 모두 같습니다.

14 넓이가 <u>다른</u> 삼각형을 찾아 기호를 쓰시오.

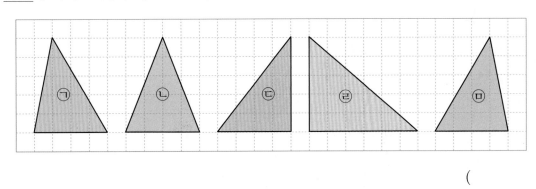

(   )

step 1 원리 꼼꼼

6. 마름모의 넓이 구하기

🍀 **직사각형의 넓이를 이용하여 마름모의 넓이 구하기**

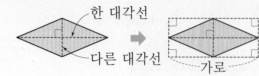

(마름모의 넓이)=(직사각형의 넓이)÷2
　　　　　　　=(가로)×(세로)÷2
　　　　　　　=(한 대각선)×(다른 대각선)÷2

(마름모의 넓이)=(한 대각선)×(다른 대각선)÷2

원리 확인 ① 마름모 ㄱㄴㄷㄹ의 넓이를 2가지 방법으로 구하려고 합니다. □ 안에 알맞은 수를 써넣으시오.

(1)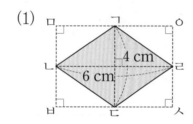

(마름모 ㄱㄴㄷㄹ의 넓이)
=(직사각형 ㅁㅂㅅㅇ의 넓이)÷2
=(가로)×(세로)÷2
=6×□÷□
=□(cm²)

(2)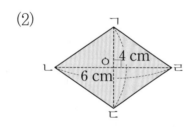

(마름모 ㄱㄴㄷㄹ의 넓이)
=(삼각형 ㄱㄴㄹ의 넓이)×2
={(선분 ㄴㄹ)×(선분 ㄱㅇ)÷2}×2
=□×2÷□×2
=□(cm²)

원리 확인 ② 마름모의 넓이를 구하려고 합니다. □ 안에 알맞은 수나 말을 써넣으시오.

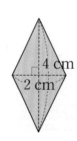

(마름모의 넓이)
=(한 □)×(다른 □)÷□
=□×4÷□
=□(cm²)

1 직사각형의 넓이를 이용하여 마름모의 넓이를 구하려고 합니다. 물음에 답하시오.

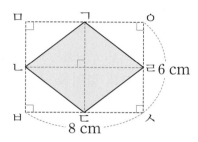

(1) 직사각형 ㅁㅂㅅㅇ의 넓이는 마름모 ㄱㄴㄷㄹ의 넓이의 몇 배입니까?

(   )

(2) 직사각형 ㅁㅂㅅㅇ의 넓이는 몇 cm²입니까?

(   )

(3) 마름모 ㄱㄴㄷㄹ의 넓이는 몇 cm²입니까?

(   )

> **1.** 두 대각선을 따라 자르면 합동인 직각삼각형이 직사각형 ㅁㅂㅅㅇ에는 8개 만들어지고, 마름모 ㄱㄴㄷㄹ에는 4개 만들어집니다.

2 삼각형의 넓이를 이용하여 오른쪽 마름모의 넓이를 구하려고 합니다. 물음에 답하시오.

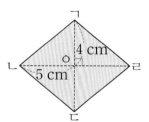

(1) 삼각형 ㄱㄴㅇ의 넓이는 몇 cm²입니까?

(   )

(2) 마름모 ㄱㄴㄷㄹ의 넓이는 삼각형 ㄱㄴㅇ의 넓이의 몇 배입니까?

(   )

(3) 마름모 ㄱㄴㄷㄹ의 넓이는 몇 cm²입니까?

(   )

3 마름모의 넓이를 구하시오.

(1)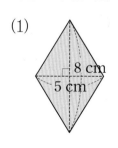

(   )

(2)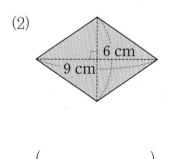

(   )

> **3.** (마름모의 넓이)
> =(한 대각선)
> ×(다른 대각선)÷2

🍃 **마름모의 넓이를 구하시오. [1~4]**

1

8 cm

ㅁ ㄱ ㅇ
5 cm ㄴ ㄹ
ㅂ ㄷ ㅅ

(1) 직사각형 ㅁㅂㅅㅇ의 넓이를 구하시오.

(   )

(2) 마름모 ㄱㄴㄷㄹ의 넓이를 구하시오.

(   )

2

ㅁ ㄱ ㅇ
8 cm
ㄴ ㄹ
10 cm
ㅂ ㄷ ㅅ

(1) 직사각형 ㅁㅂㅅㅇ의 넓이를 구하시오.

(   )

(2) 마름모 ㄱㄴㄷㄹ의 넓이를 구하시오.

(   )

3

ㄱ
10 cm
ㄴ ㅇ ㄹ
4 cm
ㄷ

(1) 삼각형 ㄱㄴㄹ의 넓이를 구하시오.

(   )

(2) 마름모 ㄱㄴㄷㄹ의 넓이를 구하시오.

(   )

4

ㄱ
ㄴ ㅇ 10 cm ㄹ
10 cm
ㄷ

(1) 삼각형 ㄱㄴㄹ의 넓이를 구하시오.

(   )

(2) 마름모 ㄱㄴㄷㄹ의 넓이를 구하시오.

(   )

🍂 마름모의 넓이를 구하시오. [5~10]

5

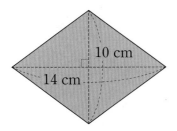

10 cm
14 cm

□ × □ ÷ □ = □ (cm²)

6

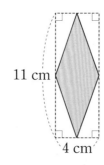

11 cm
4 cm

□ × □ ÷ □ = □ (cm²)

7

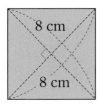

8 cm
8 cm

(   )

8

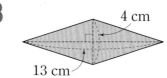

4 cm
13 cm

(   )

9

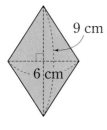

9 cm
6 cm

(   )

10

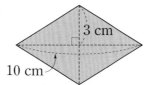

3 cm
10 cm

(   )

🍂 마름모의 넓이가 42 cm²일 때, □ 안에 알맞은 수를 써넣으시오. [11~12]

11

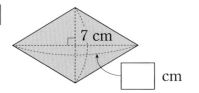

7 cm
□ cm

12

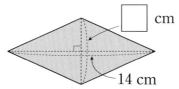

□ cm
14 cm

7. 사다리꼴의 넓이 구하기

❖ **사다리꼴의 구성 요소**

사다리꼴에서 평행한 두 변을 밑변이라 하고, 한 밑변을 윗변, 다른 밑변을
아랫변이라고 합니다. 이때 두 밑변 사이의 거리를 높이라고 합니다.

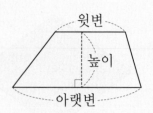

❖ **사다리꼴을 평행사변형으로 만들어 넓이 구하기**

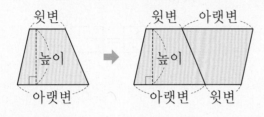

(사다리꼴의 넓이)
= (평행사변형의 넓이)÷2
= {(윗변)+(아랫변)}×(높이)÷2

원리 확인 **1**

오른쪽 도형은 사다리꼴입니다. □ 안에 알맞은 말을 써넣으
시오.

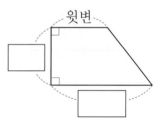

원리 확인 **2**

사다리꼴 ㄱㄴㄷㄹ의 넓이를 2가지 방법으로 구하려고 합니다. □ 안에 알맞은 수를
써넣으시오.

(1)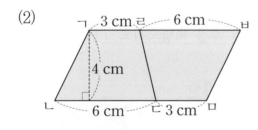

(사다리꼴 ㄱㄴㄷㄹ의 넓이)
= (삼각형 ㄱㄴㄷ의 넓이)+(삼각형 ㄱㄷㄹ의 넓이)
= 6 × □ ÷ □ + □ × 4 ÷ □
= □ (cm²)

(2)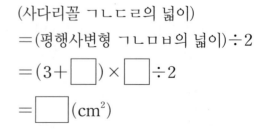

(사다리꼴 ㄱㄴㄷㄹ의 넓이)
= (평행사변형 ㄱㄴㅁㅂ의 넓이)÷2
= (3+□)×□÷2
= □ (cm²)

기본 문제를 통해 개념과 원리를 다져요.

사다리꼴의 넓이가 다음과 같을 때, ☐ 안에 알맞은 수를 써넣으시오.

[1~2]

1

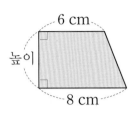

넓이 : 35 cm²

$(6+\boxed{})\times(높이)\div 2=35,$

$(높이)=35\times 2\div\boxed{}=\boxed{}\,(cm)$

> **1.** (사다리꼴의 넓이)
> $=\{(윗변)+(아랫변)\}$
> $\times(높이)\div 2$
> 임을 이용하여 구합니다.

2

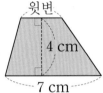

넓이 : 20 cm²

$\{(윗변)+7\}\times\boxed{}\div 2=20,$

$(윗변)+7=20\times 2\div\boxed{},$

$(윗변)=\boxed{}-7=\boxed{}\,(cm)$

3 사다리꼴의 넓이를 구하시오.

(1)
7 cm
5 cm
9 cm

(   )

(2)
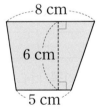
8 cm
6 cm
5 cm

(   )

4 넓이가 다른 사다리꼴을 찾아 기호를 쓰시오.

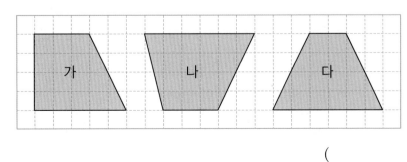

(   )

> **4.** 사다리꼴의 두 밑변의 길이의 합과 높이를 비교해 봅니다.

6 단원

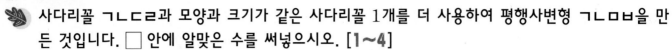

사다리꼴 ㄱㄴㄷㄹ과 모양과 크기가 같은 사다리꼴 1개를 더 사용하여 평행사변형 ㄱㄴㅁㅂ을 만든 것입니다. ☐ 안에 알맞은 수를 써넣으시오. [1~4]

1

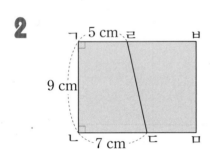

(평행사변형 ㄱㄴㅁㅂ의 넓이)

$= (\boxed{} + \boxed{}) \times \boxed{} = \boxed{} (cm^2)$

(사다리꼴 ㄱㄴㄷㄹ의 넓이)

$= (\boxed{} + \boxed{}) \times \boxed{} \div \boxed{} = \boxed{} (cm^2)$

2

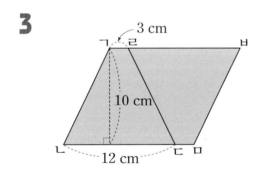

(평행사변형 ㄱㄴㅁㅂ의 넓이)

$= (\boxed{} + \boxed{}) \times \boxed{} = \boxed{} (cm^2)$

(사다리꼴 ㄱㄴㄷㄹ의 넓이)

$= (\boxed{} + \boxed{}) \times \boxed{} \div \boxed{} = \boxed{} (cm^2)$

3

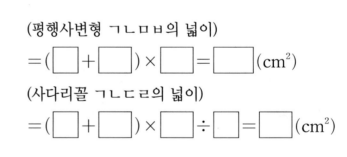

(평행사변형 ㄱㄴㅁㅂ의 넓이)

$= (\boxed{} + \boxed{}) \times \boxed{} = \boxed{} (cm^2)$

(사다리꼴 ㄱㄴㄷㄹ의 넓이)

$= (\boxed{} + \boxed{}) \times \boxed{} \div \boxed{} = \boxed{} (cm^2)$

4

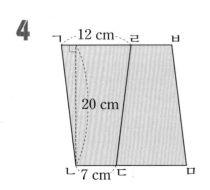

(평행사변형 ㄱㄴㅁㅂ의 넓이)

$= (\boxed{} + \boxed{}) \times \boxed{} = \boxed{} (cm^2)$

(사다리꼴 ㄱㄴㄷㄹ의 넓이)

$= (\boxed{} + \boxed{}) \times \boxed{} \div \boxed{} = \boxed{} (cm^2)$

🍃 사다리꼴의 넓이를 구하시오. [5~8]

5

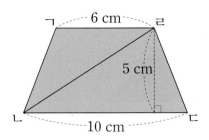

(1) 삼각형 ㄱㄴㄹ의 넓이

( )

(2) 삼각형 ㄴㄷㄹ의 넓이

( )

(3) 사다리꼴 ㄱㄴㄷㄹ의 넓이

( )

6

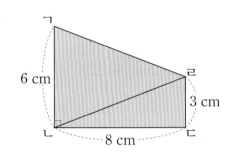

(1) 삼각형 ㄱㄴㄹ의 넓이

( )

(2) 삼각형 ㄴㄷㄹ의 넓이

( )

(3) 사다리꼴 ㄱㄴㄷㄹ의 넓이

( )

7

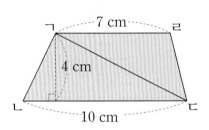

(1) 삼각형 ㄱㄴㄷ의 넓이

( )

(2) 삼각형 ㄱㄷㄹ의 넓이

( )

(3) 사다리꼴 ㄱㄴㄷㄹ의 넓이

( )

8

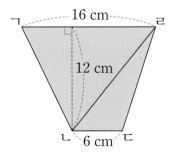

(1) 삼각형 ㄱㄴㄹ의 넓이

( )

(2) 삼각형 ㄹㄴㄷ의 넓이

( )

(3) 사다리꼴 ㄱㄴㄷㄹ의 넓이

( )

🍂 사다리꼴의 넓이를 구하시오. [9~14]

9

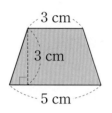

$(\boxed{}+\boxed{})\times\boxed{}\div 2=\boxed{}$ (cm²)

10

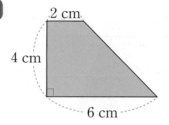

$(\boxed{}+\boxed{})\times\boxed{}\div 2=\boxed{}$ (cm²)

11

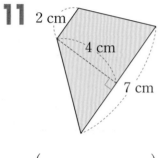

(   )

12

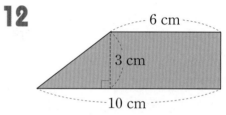

(   )

13

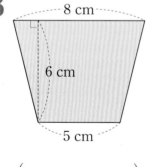

(   )

14

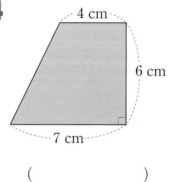

(   )

🍂 사다리꼴의 넓이가 81 cm²일 때, ☐ 안에 알맞은 수를 써넣으시오. [15~16]

15

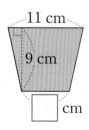

16

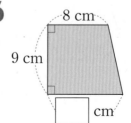

17 각 사다리꼴의 넓이를 구하고 ☐ 안에 알맞은 말을 써넣으시오.

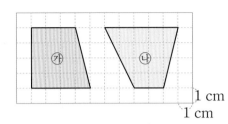

㉮의 넓이 : (☐+☐)×☐÷2=☐(cm²)

㉯의 넓이 : (☐+☐)×☐÷2=☐(cm²)

두 ☐의 길이의 합이 같고 ☐가 같은 사다리꼴의 넓이는 모두 같습니다.

18 각 사다리꼴의 넓이를 구하고 ☐ 안에 알맞은 말을 써넣으시오.

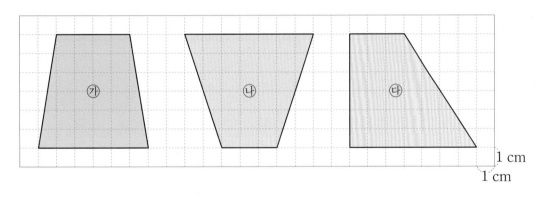

• ㉮ : ☐ cm², ㉯ : ☐ cm² ㉰ : ☐ cm²

• 사다리꼴 ㉮, ㉯, ㉰는 모양이 서로 다르지만 두 ☐의 길이의 합이 같고 ☐가 같으므로

각 사다리꼴의 넓이는 모두 같습니다.

19 넓이가 <u>다른</u> 사다리꼴을 찾아 기호를 쓰시오.

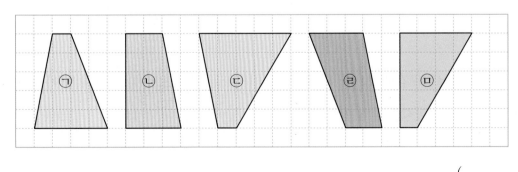

(   )

8. 다각형의 넓이 구하기

동영상강의

🍀 다각형의 넓이 구하기

다각형의 넓이를 구할 때는 직사각형, 삼각형, 평행사변형 등으로 모양을 바꾸어 구할 수 있습니다.

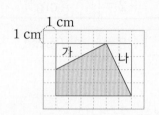
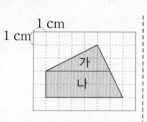
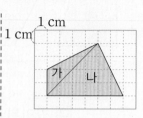

(직사각형의 넓이)－가－나
$= (6 \times 4)$
$\quad -(2 \times 4 \div 2)$
$\quad -(2 \times 4 \div 2)$
$=24-4-4$
$=16(\text{cm}^2)$

가＋나
$=\{(2+4) \times 4 \div 2\}$
$\quad +(2 \times 4 \div 2)$
$=12+4$
$=16(\text{cm}^2)$

가＋나
$=(5 \times 2 \div 2)$
$\quad +\{(5+6) \times 2 \div 2\}$
$=5+11$
$=16(\text{cm}^2)$

가＋나
$=(2 \times 4 \div 2)$
$\quad +(6 \times 4 \div 2)$
$=4+12$
$=16(\text{cm}^2)$

원리 확인 1

동영상강의

그림을 보고 물음에 답하시오.

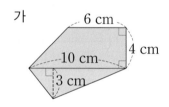
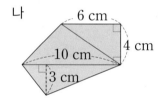
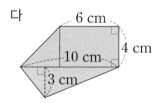

가   나   다

(1) 가와 같이 사다리꼴과 삼각형으로 나누어서 넓이를 구해 보시오.

(다각형의 넓이)$=\{(6+\boxed{}) \times 4 \div \boxed{}\}+(10 \times \boxed{} \div 2)$

$\qquad = \boxed{} + \boxed{} = \boxed{} (\text{cm}^2)$

(2) 나와 같이 3개의 삼각형으로 나누어서 넓이를 구해 보시오.

(다각형의 넓이)$=(6 \times \boxed{} \div 2)+(10 \times \boxed{} \div 2)+(\boxed{} \times 3 \div 2)$

$\qquad = \boxed{} + \boxed{} + \boxed{} = \boxed{} (\text{cm}^2)$

(3) 다와 같이 2개의 삼각형과 1개의 직사각형으로 나누어서 넓이를 구해 보시오.

(다각형의 넓이)$=\{(10-\boxed{}) \times 4 \div \boxed{}\}+(6 \times \boxed{})+(10 \times \boxed{} \div 2)$

$\qquad = \boxed{} + \boxed{} + \boxed{} = \boxed{} (\text{cm}^2)$

1 다각형의 넓이를 구하려고 합니다. ☐ 안에 알맞은 수를 써넣으시오.

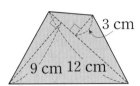

(다각형의 넓이)=(두 삼각형의 넓이의 합)

$$= (\boxed{} \times 3 \div 2) + (12 \times \boxed{} \div 2)$$

$$= \boxed{} + \boxed{} = \boxed{} \ (\text{cm}^2)$$

2 색칠한 부분의 넓이를 구하시오.

(1)
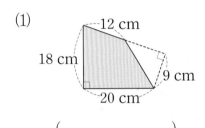

(   )

(2)
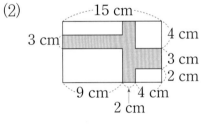

(   )

> **2.** 색칠한 부분의 넓이를 구할 때 삼각형, 사다리꼴 등의 모양으로 바꾸어 구할 수 있습니다.

3 색칠한 도형의 넓이를 구하시오.

(1)
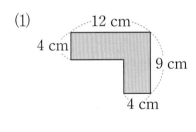

(   )

(2)

15 cm / 3 cm / 4 cm / 3 cm / 2 cm / 9 cm / 4 cm / 2 cm

(   )

4 색칠한 부분의 넓이를 구하시오.

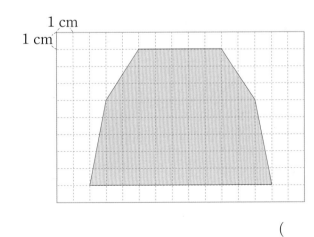

1 cm / 1 cm

(   )

🍂 도형의 넓이를 구하시오. [1~8]

1

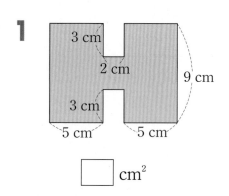

3 cm
2 cm
9 cm
3 cm
5 cm 5 cm

☐ cm²

2

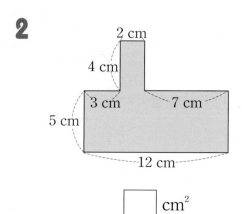

2 cm
4 cm
3 cm 7 cm
5 cm
12 cm

☐ cm²

3

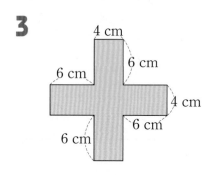

4 cm
6 cm
6 cm
4 cm
6 cm
6 cm

☐ cm²

4

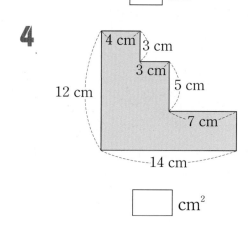

4 cm 3 cm
3 cm
12 cm 5 cm
7 cm
14 cm

☐ cm²

5

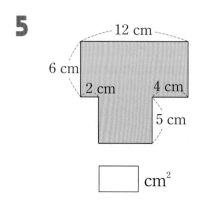

12 cm
6 cm
2 cm 4 cm
5 cm

☐ cm²

6

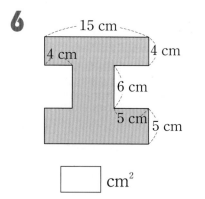

15 cm
4 cm 4 cm
6 cm
5 cm 5 cm

☐ cm²

7

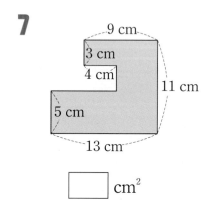

9 cm
3 cm
4 cm 11 cm
5 cm
13 cm

☐ cm²

8

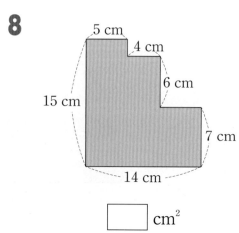

5 cm
4 cm
6 cm
15 cm
7 cm
14 cm

☐ cm²

🍂 다각형의 넓이를 구하시오. [9~12]

9

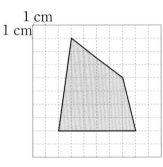

( )

10

( )

11

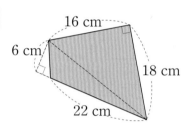

( )

12

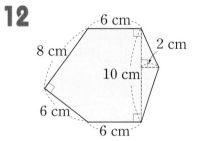

( )

🍂 색칠한 부분의 넓이를 구하시오. [13~16]

13

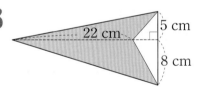

( )

14

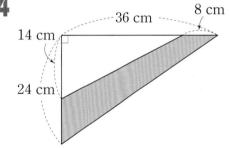

( )

15

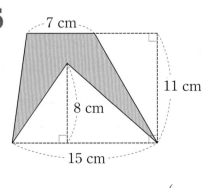

( )

16

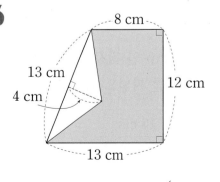

( )

01 한 변의 길이가 8 cm인 정육각형의 둘레를 구하시오.

( )

02 둘레가 32 cm인 정사각형입니다. ☐ 안에 알맞은 수를 써넣으시오.

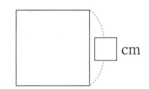

03 두 직사각형의 둘레의 차는 몇 cm입니까?

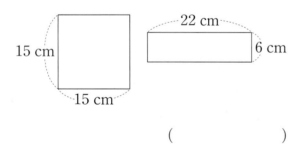

( )

04 넓이가 104 cm²인 직사각형입니다. ☐ 안에 알맞은 수를 써넣으시오.

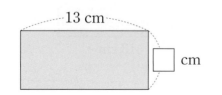

05 다음 정사각형과 직사각형의 넓이가 같습니다. 직사각형의 세로는 몇 cm입니까?

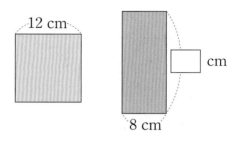

06 ☐ 안에 알맞은 수를 써넣으시오.

(1) $2 \text{ m}^2 = \boxed{} \text{ cm}^2$

(2) $80000 \text{ cm}^2 = \boxed{} \text{ m}^2$

(3) $5000000 \text{ m}^2 = \boxed{} \text{ km}^2$

(4) $6 \text{ km}^2 = \boxed{} \text{ m}^2$

07 평행사변형의 넓이를 구하시오.

(1)

( )

(2)

( )

08 평행사변형의 넓이가 다음과 같을 때, ☐ 안에 알맞은 수를 써넣으시오.

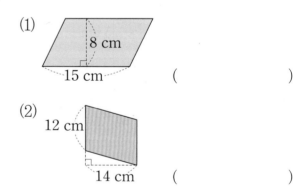

(1) 4 cm   넓이 : 24 cm²

(2) 7 cm   넓이 : 28 cm²

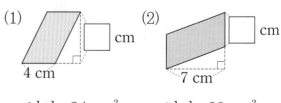

09 삼각형의 넓이를 구하시오.

(1)
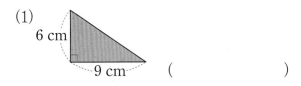

(   )

(2)
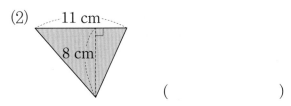

(   )

10 두 삼각형의 넓이가 같을 때, ☐ 안에 알맞은 수를 써넣으시오.

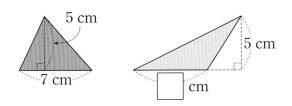

11 마름모의 넓이를 구하시오.

(1)
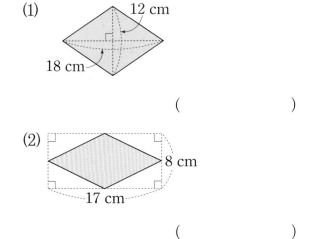

(   )

(2)

(   )

12 마름모의 넓이가 51 cm²이고, 한 대각선이 6 cm일 때, 다른 대각선은 몇 cm입니까?

(   )

13 사다리꼴의 넓이를 구하시오.

(1)
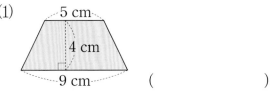

(   )

(2)
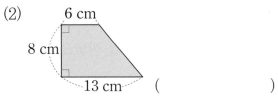

(   )

14 넓이가 다른 사다리꼴을 찾아 기호를 쓰시오.

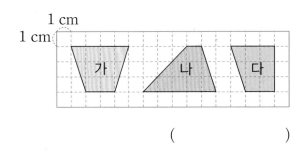

(   )

15 오른쪽 도형에서 색칠한 부분의 넓이를 구하시오.
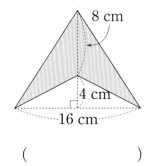

(   )

16 색칠한 도형의 넓이는 74 cm²입니다. ☐ 안에 알맞은 수를 써넣으시오.

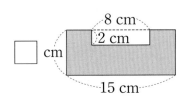

01 한 변의 길이가 7 cm인 정오각형의 둘레는 몇 cm입니까?

(   )

02 직사각형의 둘레를 구하려고 합니다. ☐ 안에 알맞은 수를 써넣으시오.

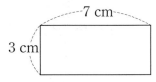

(직사각형의 둘레)

$= \boxed{} + 3 + \boxed{} + \boxed{}$

$= (\boxed{} + 3) \times 2 = \boxed{}$ (cm)

03 평행사변형의 둘레가 24 cm일 때 ☐ 안에 알맞은 수를 써넣으시오.

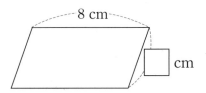

☐ cm

04 마름모의 둘레를 구하시오.

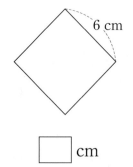

☐ cm

05 직사각형 가, 나의 넓이를 구하시오.

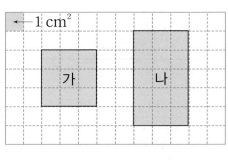

가 : ☐ cm²   나 : ☐ cm²

🌿 직사각형의 넓이를 구하려고 합니다. ☐ 안에 알맞은 수를 써넣으시오. [06~07]

06

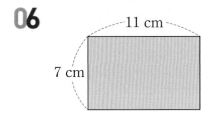

$\boxed{} \times 7 = \boxed{}$ (cm²)

07

8 cm

8 cm

$\boxed{} \times 8 = \boxed{}$ (cm²)

08 직사각형의 넓이를 구하시오.

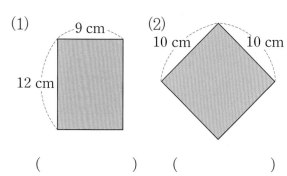

(1) 9 cm 12 cm

(2) 10 cm 10 cm

(   ) (   )

09 ☐ 안에 알맞은 수를 써넣으시오.

(1) $4 \text{ m}^2 = \boxed{} \text{ cm}^2$

(2) $50000 \text{ cm}^2 = \boxed{} \text{ m}^2$

(3) $7 \text{ km}^2 = \boxed{} \text{ m}^2$

(4) $8000000 \text{ m}^2 = \boxed{} \text{ km}^2$

10 평행사변형의 넓이를 구하시오.

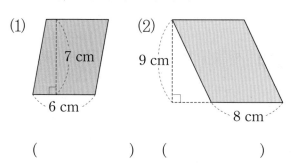

(1) 7 cm 6 cm

(2) 9 cm 8 cm

(   ) (   )

11 넓이가 <u>다른</u> 평행사변형은 어느 것입니까?

(   )

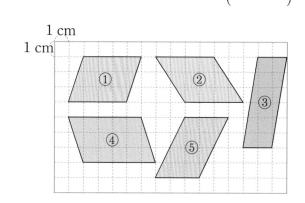

1 cm
1 cm

12 삼각형의 넓이를 구하시오.

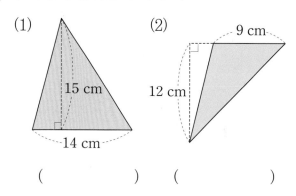

(1) 15 cm 14 cm

(2) 9 cm 12 cm

(   ) (   )

13 넓이가 <u>다른</u> 삼각형은 어느 것입니까?

(   )

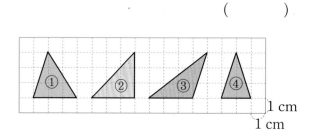

1 cm
1 cm

6단원

14 삼각형의 높이를 구하시오.

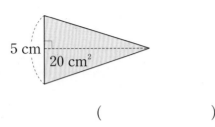

5 cm
20 cm²

(   )

15 ☐ 안에 알맞은 수를 써넣으시오.

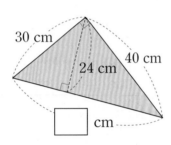

30 cm
24 cm
40 cm
☐ cm

16 마름모의 넓이를 구하시오.

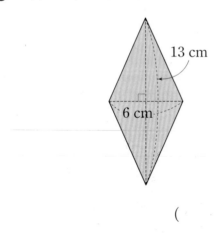

13 cm
6 cm

(   )

17 사다리꼴의 넓이를 구하시오.

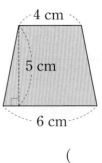

4 cm
5 cm
6 cm

(   )

🌿 ☐ 안에 알맞은 수를 써넣으시오.

[18~19]

18

☐ cm

넓이 : 44 cm²

11 cm

19

4 cm
☐ cm   넓이 : 39 cm²
9 cm

20 색칠한 부분의 넓이를 구하시오.

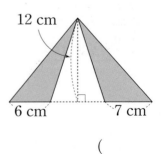

12 cm
6 cm   7 cm

(   )

개념과 원리를 다지고
계산력을 키우는

왕수학

개념 + 연산

5·1

정답과
풀이

(주)에듀왕
www.eduwang.com

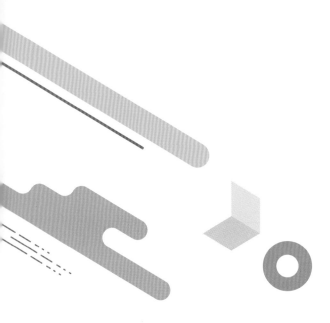

초등
왕수학

정답과 풀이

5-1

1. 자연수의 혼합 계산

원리확인 ① (1) 82, 74, 82   (2) 66, 12, 66
원리확인 ② (1) 38, 43   (2) 48, 33
원리확인 ③ (1) 840   (2) 840, 160
        (3) 1000, 540, 160

1 덧셈과 뺄셈이 섞여 있는 식은 앞에서부터 차례로 계산하고 ( )가 있는 식은 ( )를 먼저 계산합니다.

1 (1) 21, 25   (2) 23, 49, 23, 26

2
$$43+17-39=60-39$$
$$\underset{①}{\underline{\hspace{2em}}}$$
$$=21$$
$$\underset{②}{\underline{\hspace{4em}}}$$

3 (1) 36   (2) 28

4 ㉠

3
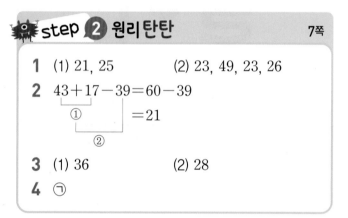
(1) $70+11-45=36$
    81
      36

(2) $66-(9+34)+5=28$
       43
    23
      28

4
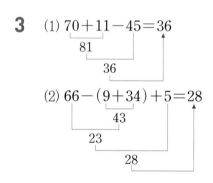
㉠ $51-(5+19)=27$
      24
   27

1 83, 83   **2** 28, 28
3 87, 64, 87   **4** 29, 92, 29

5 88, 56, 88   **6** 48, 66, 48
7 50   **8** 18
9 90   **10** 65
11 55   **12** 65
13 74   **14** 58
15 22, 22   **16** 91, 91
17 28, 71, 28   **18** 106, 43, 106
19 66, 116, 66   **20** 111, 19, 111
21 18   **22** 106
23 9   **24** 87
25 41   **26** 81
27 19   **28** 87

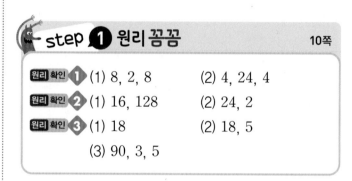

원리확인 ① (1) 8, 2, 8   (2) 4, 24, 4
원리확인 ② (1) 16, 128   (2) 24, 2
원리확인 ③ (1) 18   (2) 18, 5
        (3) 90, 3, 5

1 곱셈과 나눗셈이 섞여 있는 식은 앞에서부터 차례로 계산합니다.

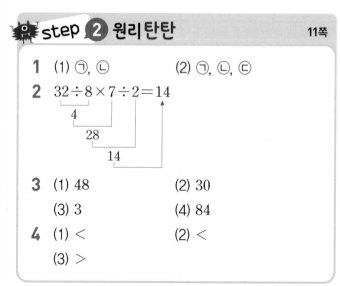

1 (1) ㉠, ㉡   (2) ㉠, ㉡, ㉢

2
$$32÷8×7÷2=14$$
   4
     28
      14

3 (1) 48   (2) 30
   (3) 3   (4) 84

4 (1) <   (2) <
   (3) >

step ③ 원리척척
12~13쪽

1 45, 45	**2** 12, 12
3 81, 9, 81	**4** 20, 80, 20
5 40, 8, 40	**6** 22, 66, 22
7 220	**8** 14
9 69	**10** 7
11 42	**12** 12
13 66	**14** 6
15 7, 7	**16** 27, 27
17 11, 8, 11	**18** 54, 9, 54
19 6, 14, 6	**20** 63, 7, 63
21 4	**22** 44
23 7	**24** 48
25 6	**26** 110
27 7	**28** 117

step ① 원리꼼꼼
14쪽

원리 확인 **①** (1) 4, 42, 4　　(2) 26, 30, 45, 26
원리 확인 **②** (1) 24, 75　　(2) 12, 18, 32
원리 확인 **③** (1) 45　　(2) 45, 15
　　　　　　(3) 15, 26　　(4) 5, 11, 26

step ② 원리탄탄
15쪽

1 (1) 47, 28, 47　　(2) 54, 14, 43, 54

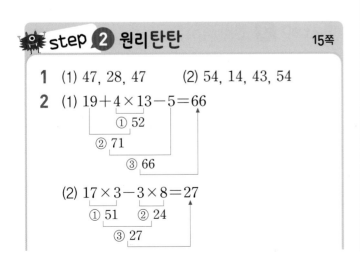

step ③ 원리척척
16~17쪽

1 52, 31, 52	**2** 50, 32, 50
3 28, 35, 64, 28	**4** 27, 80, 126, 27
5 47, 48, 34, 47	**6** 18, 15, 30, 18
7 25	**8** 24
9 44	**10** 19
11 37	**12** 81
13 165, 112, 165	**14** 178, 90, 178
15 190, 47, 188, 190	**16** 208, 41, 205, 208
17 103, 15, 60, 103	**18** 92, 6, 132, 92
19 6	**20** 216
21 443	**22** 27
23 97	**24** 378

4 (씨름을 구경하는 전체 학생 수)
　　=(현이네 반 학생 수)−(씨름을 하는 학생 수)
　　　+(구경하는 다른 반 학생 수)
　➡ 24−2×8+5=13(명)

step ① 원리꼼꼼
18쪽

원리 확인 **①** (1) 56, 14, 56　　(2) 22, 13, 29, 22
원리 확인 **②** (1) 48, 6, 4　　(2) 2, 27, 43
원리 확인 **③** (1) 60　　(2) 60, 130
　　　　　　(3) 130, 45　　(4) 70, 2, 85, 45

step ② 원리탄탄
19쪽

1 (1) 57, 16, 57　　(2) 53, 42, 105, 53

2

3 (1) $43-18+54 \div 9 = 31$
   ② 25 ① 6
   ③ 31

   (2) $63 \div 7 + 84 \div 4 = 30$
   ① 9 ② 21
   ③ 30

   (3) $24 \div (6-4) + 15 = 27$
   ① 2
   ② 12
   ③ 27

   (4) $(19+14) \div (22 \div 2) = 3$
   ① 33 ② 11
   ③ 3

4 $1800 \div 3 - 2000 \div 4 = 100$, 100원

4 (㉮빵 1개의 값) $= 2000 \div 4 = 500$(원)
   (㉯빵 1개의 값) $= 1800 \div 3 = 600$(원)

---

step ③ 원리척척 20~21쪽

1 25, 44, 25	**2** 20, 69, 20
3 88, 12, 46, 88	**4** 67, 24, 54, 67
5 26, 22, 62, 26	**6** 75, 9, 63, 75
7 58	**8** 74
9 37	**10** 79
11 64	**12** 40
13 55, 12, 55	**14** 49, 12, 49
15 4, 80, 10, 4	**16** 50, 5, 7, 50
17 31, 48, 6, 31	**18** 40, 45, 5, 40
19 8	**20** 36
21 20	**22** 13
23 6	**24** 6

---

step ① 원리꼼꼼 22쪽

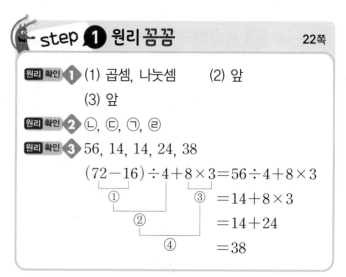

원리확인 **1** (1) 곱셈, 나눗셈   (2) 앞
   (3) 앞

원리확인 **2** ㉡, ㉢, ㉠, ㉣

원리확인 **3** 56, 14, 14, 24, 38

$(72-16) \div 4 + 8 \times 3 = 56 \div 4 + 8 \times 3$
①   ③ $= 14 + 8 \times 3$
② $= 14 + 24$
④ $= 38$

---

step ② 원리탄탄 23쪽

1 ㉢, ㉡, ㉣, ㉠, ㉤
2 6, 9, 9, 108, 117
3 (1) 84   (2) 80
4 $(15+51) - 42 \div 6 \times 8 = 10$
5 >

3 (1) $21 + 42 \div (8-2) \times 9 = 21 + 42 \div 6 \times 9$
   $= 21 + 7 \times 9$
   $= 21 + 63 = 84$
   (2) $83 - 9 \times (8+7) \div 45 = 83 - 9 \times 15 \div 45$
   $= 83 - 135 \div 45$
   $= 83 - 3 = 80$

---

step ③ 원리척척 24~25쪽

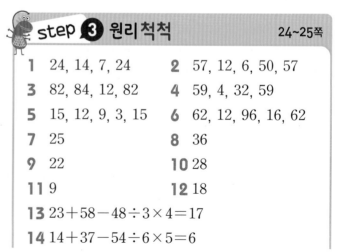

1 24, 14, 7, 24	**2** 57, 12, 6, 50, 57
3 82, 84, 12, 82	**4** 59, 4, 32, 59
5 15, 12, 9, 3, 15	**6** 62, 12, 96, 16, 62
7 25	**8** 36
9 22	**10** 28
11 9	**12** 18

13 $23 + 58 - 48 \div 3 \times 4 = 17$
14 $14 + 37 - 54 \div 6 \times 5 = 6$

15 $88-15+51 \div 3 \times 4 = 141$

16 $7 \times 8-3+102 \div 6 = 70$

17 $162-9 \times 3+48 \div 4 = 147$

18 $120 \div (7+8) \times 12-38 = 58$

step 4 유형콕콕
26~27쪽

01 (1) 31, 14, 31   (2) 36, 9, 36

02 (1) 44   (2) 4

03 ╳

04 (1) >   (2) <

05 (1) 42, 15, 14, 29   (2) 4, 31, 13, 18

06 (1) 3   (2) 86

07 ©, ㉠, ㉡

08 $21-5+21 \div 7 \times 2 = 22$, 22개

09 (1) 37, 42, 37   (2) 48, 6, 48

10 (1) 168   (2) 14

11 ㉡, ㉢, ㉣, ㉠   **12** ㉮

13 ㉢

14 예 영수의 저금통에는 500원짜리 동전이 8개 들어 있습니다. 이 돈으로 200원짜리 연필은 몇 자루 살 수 있습니까?
$500 \times 8 \div 200 = 4000 \div 200 = 20$(자루)

15 $280 \times 12+1000 \div 5 \times 4 = 4160$, 4160원

16 $(97-1) \div (4 \times 6) = 4$, 4개

02 (1) $48+13-17 = 61-17 = 44$
(2) $12 \times 3 \div 9 = 36 \div 9 = 4$

03 (1) $45-14+7 = 31+7 = 38$
(2) $12 \div 4 \times 9 = 3 \times 9 = 27$

06 (1) $13+7 \times 5-45 = 13+35-45$
$\qquad = 48-45 = 3$
(2) $84-18 \div 3+8 = 84-6+8 = 78+8 = 86$

07 ㉠ 67   ㉡ 73   ㉢ 66

08 (지혜가 처음에 가지고 있던 사탕 수)
$=21-5=16$(개)
(민석이가 지혜에게 준 사탕 수)
$=21 \div 7 \times 2 = 6$(개)
(지혜가 가지고 있는 사탕 수)$=16+6=22$(개)

10 (1) $42 \times (7-3) = 42 \times 4 = 168$
(2) $(75-47) \div 2 = 28 \div 2 = 14$

11 ( )가 있는 식에서는 ( ) 안을 먼저 계산합니다.

12 ㉮ : 88, ㉯ : 81

13 ㉢ $90 \div 6+34-(17+18) = 14$

$\qquad \underbrace{\quad}_{15} \qquad\qquad \underbrace{\quad}_{35}$
$\qquad\qquad \underbrace{\quad}_{49}$
$\qquad\qquad\qquad \underbrace{\quad}_{14}$

15 $280 \times 12+1000 \div 5 \times 4 = 4160$(원)

$\qquad \underbrace{\quad}_{3360} \qquad \underbrace{\quad}_{200}$
$\qquad\qquad\qquad \underbrace{\quad}_{800}$
$\qquad\qquad \underbrace{\quad}_{4160}$

16 나누어 줄 귤의 수 : $(97-1)$개,
영수네 반 학생 수 : (4×6)명
$(97-1) \div (4 \times 6) = 96 \div (4 \times 6)$
$\qquad\qquad\qquad\qquad = 96 \div 24 = 4$(개)

단원평가
28~30쪽

01 89   **02** 122

03 ①   **04** ④

05 33   **06** 39

07 77, 77, 5, 82, 18

08 $55-(16-150 \div 25) = 45$

09 24   **10** ─

11 18

12 $6 \times (7+9) \div 3 \times 2 = 64$

13 (1) 25   (2) 57

14 ②   **15** ⓛ, ⓒ, ⑦

16 1, 2, 3

17 $2700 \times 2 \div 3 = 1800$, 1800원

18 $3000 - (700 \times 2 + 280 \times 5) = 200$, 200원

19 $44 + 23 \times 3 - (44 \times 2 - 8) = 33$, 33개

20 $(10 \times 6 + 3 - 5) \div 2 = 29$, 29일

---

03 ① 54   ② 39   ③ 53   ④ 31   ⑤ 24

04 ④

05 $16 \times 3 - (73 - 58) = 33$

    48   15

         33

06 $67 - (24 + 32) \div 2 = 39$

         56

            28

       39

07 $11 \times 7 + 85 \div 17 - 64 = 18$

   77   5

       82

         18

09 $37 + \square - 12 = 49$

      $37 + \square = 61$

         $\square = 24$

10 $8 \times 4 \ominus (12 + 6) = 14$

    32   18

     $32 - 18 = 14$

11 $(27 - 9) \div 3 \times 5 = 30$

    $27 - 9 \div 3 \times 5 = 12$

    ➡ $30 - 12 = 18$

12 $6 \times (7 + 9) \div 3 \times 2 = 96 \div 3 \times 2 = 32 \times 2 = 64$

---

13 (1) $23 + (6 \times 7 - 32) \div 5 = 25$

          42

            10

              2

        25

14 ( ) 안에 있는 $15 - 6$을 가장 먼저 계산해야 합니다.

15 ⑦ 15   ⓛ 50   ⓒ 21

16 $8 \times 5 + 42 \div 7 - 6 = 40$

$40 < 9 \times 16 \div \square$ ➡ $40 < 144 \div \square$

$\square$ 안에 알맞은 자연수는 1, 2, 3입니다.

20 (요리에 사용할 달걀 수)$= 10 \times 6 + 3 - 5 = 58$(개)

(달걀을 먹을 수 있는 날 수)$= 58 \div 2 = 29$(일)

2. 약수와 배수

step 1 원리꼼꼼   32쪽

원리 확인 1 (1) 3, 4, 5, 6   (2) 3, 6, 약수

원리 확인 2 (1) 3, 6, 9, 12   (2) 3, 6, 9, 12, 배수

step 2 원리탄탄   33쪽

1 1, 2, 3, 4, 6, 12 / 1, 2, 3, 4, 6, 12

2 (1) 1, 3, 5, 15

    (2) 1, 2, 3, 4, 6, 8, 12, 24

3 8   **4** 9, 18, 27, 36, 45

5 (1) 5, 10, 15, 20, 25

    (2) 11, 22, 33, 44, 55

---

1 12를 나누어떨어지게 하는 수를 찾습니다.

2 (1) $15 \div 1 = 15$, $15 \div 3 = 5$, $15 \div 5 = 3$,
$15 \div 15 = 1$
   ➡ 15의 약수 : 1, 3, 5, 15

   (2) $1 \times 24 = 24$, $2 \times 12 = 24$, $3 \times 8 = 24$,
$4 \times 6 = 24$
   ➡ 24의 약수 : 1, 2, 3, 4, 6, 8, 12, 24

3 $1 \times 36 = 36$, $2 \times 18 = 36$, $3 \times 12 = 36$,
$4 \times 9 = 36$, $6 \times 6 = 36$
   ➡ 36의 약수 : 1, 2, 3, 4, 6, 9, 12, 18, 36

5 (1) $5 \times 1 = 5$, $5 \times 2 = 10$, $5 \times 3 = 15$,
$5 \times 4 = 20$, $5 \times 5 = 25$

   (2) $11 \times 1 = 11$, $11 \times 2 = 22$, $11 \times 3 = 33$,
$11 \times 4 = 44$, $11 \times 5 = 55$

step 3 원리척척   34~35쪽

1 1, 2, 3, 4, 5, 6 / 1, 2, 3, 6

2 1, 2, 3, 4, 5, 6, 7, 8, 9, 10, 11, 12 / 1, 2, 3, 4, 6, 12

3 1, 5, 7, 35 / 1, 5, 7, 35

4 1, 2, 3, 4, 5, 6, 10, 12, 15, 20, 30, 60 /
1, 2, 3, 4, 5, 6, 10, 12, 15, 20, 30, 60

5 2, 4, 6, 8, 2, 4, 6, 8

6 5, 10, 15, 20, 5, 10, 15, 20

7 7, 14, 21, 28, 7, 14, 21, 28

8 12, 24, 36, 48, 12, 24, 36, 48

9 9, 18, 27, 36   **10** 14, 28, 42, 56

11 15, 30, 45, 60   **12** 20, 40, 60, 80

step 1 원리꼼꼼   36쪽

원리 확인 1 (1) 5, 7   (2) 5, 7

원리 확인 2 (1) 9, 3, 6

    (2) 3, 6, 9, 18, 3, 6, 9, 18

1 ■＝▲×● 에서 ■는 ▲와 ●의 배수이고, ▲와
●는 ■의 약수입니다.

step 2 원리탄탄   37쪽

1 (1) 배수   (2) 약수

2 ( )   **3** (   )(○)
(×)
( )
( )

4 30, 2, 3, 10, 5, 6 / 2, 3, 5, 6, 10, 15, 30,
2, 3, 5, 6, 10, 15, 30

2 15는 45의 약수입니다.

3 $28 \div 8 = 3 \cdots 4$, $81 \div 9 = 9$

1   2, 5 / 10

2   1, 2, 7, 14 / 1, 2, 7, 14

3   1, 2, 3, 6, 9, 18 / 1, 2, 3, 6, 9, 18

4   1, 3, 5, 9, 15, 45 / 1, 3, 5, 9, 15, 45

5   1, 2, 5, 7, 10, 14, 35, 70 / 1, 2, 5, 7, 10, 14, 35, 70

6   (5, 1), (8, 4)   **7**   (18, 2), (15, 5)

8   (12, 6), (28, 7)   **9**   (20, 5), (33, 11)

10 (40, 20), (54, 18) **11** (125, 25), (91, 13)

12 (12, 36), (15, 75)

원리 확인 **❶** (1) 1, 2, 3, 6, 9, 18 / 1, 2, 3, 4, 6, 8, 12, 24

      (2) 1, 2, 3, 6 / 6 / 6, 1, 2, 3, 6, 공약수

원리 확인 **❷** (1) 1, 2, 3, 4, 6, 8, 12, 24

      (2) 1, 2, 4, 8, 16, 32

      (3) 1, 2, 4, 8

      (4) 8, 8, 1, 2, 4, 8, 공약수

1   (1) $1 \times 18 = 18$, $2 \times 9 = 18$, $3 \times 6 = 18$

     ➡ 18의 약수 : 1, 2, 3, 6, 9, 18

     $1 \times 24 = 24$, $2 \times 12 = 24$, $3 \times 8 = 24$,

     $4 \times 6 = 24$

     ➡ 24의 약수 : 1, 2, 3, 4, 6, 8, 12, 24

---

1   (1) 1, 2, 4, 5, 8, 10, 20, 40

     (2) 1, 2, 3, 4, 6, 8, 12, 24

     (3) 1, 2, 4, 8   (4) 8

---

2   1, 2, 4, 8, 16, 32 / 1, 2, 3, 4, 6, 8, 12, 16, 24, 48 / 1, 2, 4, 8, 16 / 16

3   6 / 1, 2, 3, 6 / 10 / 1, 2, 5, 10

4   1, 2, 3, 4, 6, 12

2 $1 \times 32 = 32$, $2 \times 16 = 32$, $4 \times 8 = 32$

    ➡ 32의 약수 : 1, 2, 4, 8, 16, 32

4   어떤 두 수의 공약수는 두 수의 최대공약수 12의 약수인 1, 2, 3, 4, 6, 12입니다.

---

1   1, 5 / 1, 2, 5, 10 / 1, 5

2   1, 2, 3, 6 / 1, 2, 4, 8 / 1, 2

3   1, 2, 7, 14 / 1, 3, 7, 21 / 1, 7

4   1, 2, 4, 8, 16 / 1, 2, 4, 7, 14, 28 / 1, 2, 4

5   1, 11   **6**   1, 2, 7, 14

7   1, 2, 3, 6 / 1, 2, 3, 4, 6, 12 / 1, 2, 3, 6 / 6

8   1, 2, 4, 8 / 1, 2, 3, 4, 6, 12 / 1, 2, 4 / 4

9   1, 3, 9, 27 / 1, 3, 11, 33 / 1, 3 / 3

10 1, 2, 5, 10, 25, 50 / 1, 2, 3, 4, 5, 6, 10, 12, 15, 20, 30, 60 / 1, 2, 5, 10 / 10

11 1, 2, 3, 4, 6, 8, 12, 24 / 1, 2, 4, 5, 8, 10, 20, 40 / 1, 2, 4, 8 / 8

원리 확인 **❶** 32, 16, 8 / 40, 20, 10, 8 / 8

원리 확인 **❷** 16, 8, 4, 2 / 20, 10, 5 / 2, 2, 2, 8

원리 확인 **❸** 2, 20, 2, 20, 8, 10, 2, 8, 10, 4, 5, 2, 2, 2, 8

step ② 원리탄탄 45쪽

1 45, 15, 9 / 60, 30, 20, 15, 12, 10 / 15

2 2, 2, 2 / 2, 4

3 3, 15, 18, 6 / 3, 6

4 (1) 14　　　　　　(2) 5

2 공통으로 들어 있는 2와 2의 곱인 4가 최대공약수 가 됩니다.

4 (1) 2)14　42
　　　 7)　7　21　⟹ 최대공약수 : 2×7=14
　　　　　1　　3
　　(2) 5)35　50
　　　　　7　10　⟹ 최대공약수 : 5

step ③ 원리척척 46~47쪽

1 2　　　　　　　　**2** 2, 2, 2, 8

3 5　　　　　　　　**4** 2, 7, 14

5 2, 3, 3, 18　　　　**6** 2, 2, 4

7 7

8 3, 3, 9, 1, 3 / 2×3=6

9 7, 13 / 2

10 5, 5, 10, 1, 2 / 3×5=15

11 2, 14, 16, 7, 8 / 2×2=4

12 3, 21, 24, 7, 8 / 2×3=6

13 7, 21, 28, 3, 4 / 3×7=21

14 2, 3, 5, 15, 2, 3 / 2×3×5=30

15 5, 105, 175, 7, 21, 35, 3, 5 / 2×5×7=70

step ① 원리꼼꼼 48쪽

원리확인 ❶ (1) 60, 120, 60
　　　　　　(2) 60, 60, 120, 공배수

원리확인 ❷ (1) 8, 10, 12, 14, 16, 18, 20 /
　　　　　　　 15, 20, 25, 30, 35, 40, 45, 50
　　　　　　(2) 10, 20, 10, 10, 10, 20, 공배수

2 (1) 2의 배수 : 2×1=2, 2×2=4, 2×3=6,
　　　　　　　 2×4=8, 2×5=10, ……
　　　　 5의 배수 : 5×1=5, 5×2=10, 5×3=15,
　　　　　　　 5×4=20, 5×5=25, ……

step ② 원리탄탄 49쪽

1 (1) 4, 8, 12, 16, 20, 24, 28
　　(2) 8, 16, 24, 32, 40　　(3) 8, 16
　　(4) 8

2 30, 40, 50, 60 / 30, 45, 60, 75 / 30, 60 / 30

3 16 / 16, 32, 48 / 42 / 42, 84, 126

4 21, 42, 63, 84, 105

2 10의 배수 : 10×1=10, 10×2=20,
　　　　　　10×3=30, 10×4=40,
　　　　　　10×5=50, 10×6=60, ……
　　15의 배수 : 15×1=15, 15×2=30,
　　　　　　15×3=45, 15×4=60,
　　　　　　15×5=75, ……

4 두 수의 최소공배수 21의 배수인 21, 42, 63, 84, 105, ……가 두 수의 공배수입니다.

step ③ 원리척척 50~51쪽

1 16, 24, 32, 40, 48 / 24, 36, 48, 60, 72 / 24, 48

2 26, 39, 52, 65, 78, 91 / 52, 78, 104 / 26, 52, 78

3 32, 48, 64, 80, 96 / 48, 72, 96 / 48, 96

4 60, 120, 180

5 126, 252, 378

6 10, 15, 20, 25, 30 / 20, 30, 40, 50 / 10, 20, 30 / 10

7 12, 18, 24, 30, 36, 42 / 24, 36, 48, 60 / 12, 24, 36 / 12

8 36, 54, 72, 90, 108, 126, 144 / 48, 72, 96, 120, 144 / 72, 144 / 72

9 18, 27, 36, 45, 54, 63, 72 / 24, 36, 48, 60, 72 / 36, 72 / 36

step ① 원리 꼼꼼
52쪽

원리확인 ❶ 24, 12, 8, 6 / 40, 20, 10, 8 / 8, 8, 8, 120

원리확인 ❷ 3, 5 / 2, 2, 2, 3, 5, 2, 2, 2, 3, 5, 120

step ② 원리탄탄
53쪽

1 7, 7 / 7, 2, 5, 70

2 9, 3, 3 / 15, 3, 5 / 3, 3, 3, 3, 3, 5, 135

3 7, 14, 21, 3 / 7, 3, 84

4 (1) 36   (2) 120

1 공통으로 들어 있는 수 7과 나머지 수 2와 5를 곱하면 최소공배수가 됩니다.

4 (1) $3 \underline{)6 \quad 12}$ ➡ 최소공배수 : $3 \times 3 \times 4$
        $3 \quad 4$ $= 36$

  (2) $2 \underline{)24 \quad 30}$
       $3 \underline{)12 \quad 15}$ ➡ 최소공배수 : $2 \times 3 \times 4 \times 5$
          $4 \quad 5$ $= 120$

step ③ 원리척척
54~55쪽

1 2, 2, 3, 12   **2** 2, 5, 2, 20

3 3, 5, 3, 3, 135   **4** 2, 3, 3, 11, 198

5 2, 3, 5, 7, 210   **6** 2, 2, 3, 2, 3, 72

7 2, 2, 3, 7, 5, 420   **8** $3 \underline{)6 \quad 9}$ / 3, 18
                             $2 \quad 3$

9 $5 \underline{)10 \quad 15}$ / 5, 30
      $2 \quad 3$

10 $7 \underline{)14 \quad 21}$ / 7, 42   **11** $2 \underline{)18 \quad 48}$ / 6, 144
       $2 \quad 3$ $3 \underline{)9 \quad 24}$
                                   $3 \quad 8$

12 $2 \underline{)28 \quad 30}$ / 2, 420
       $14 \quad 15$

13 $2 \underline{)42 \quad 56}$ / 14, 168
       $7 \underline{)21 \quad 28}$
          $3 \quad 4$

14 $3 \underline{)45 \quad 75}$ / 15, 225
       $5 \underline{)15 \quad 25}$
          $3 \quad 5$

15 $2 \underline{)60 \quad 90}$ / 30, 180
       $3 \underline{)30 \quad 45}$
       $5 \underline{)10 \quad 15}$
          $2 \quad 3$

16 $2 \underline{)50 \quad 60}$ / 10, 300
       $5 \underline{)25 \quad 30}$
          $5 \quad 6$

17 $2 \underline{)48 \quad 66}$ / 6, 528
       $3 \underline{)24 \quad 33}$
          $8 \quad 11$

step ④ 유형콕콕
56~57쪽

01 3, 2, 4, 1 / 3, 6   **02** ③

03 (1) 7, 14, 21, 28   (2) 19, 38, 57, 76
     (3) 23, 46, 69, 92

04 3개   **05** 48, 2, 24 / 48, 2, 24

06 (1) 배수   (2) 약수

07 ②, ⑤   **08** 1, 5, 7, 35

09 1, 2, 4, 8, 8, 최대공약수

10 (1) 1, 2, 3, 5, 6, 10, 15, 30
    (2) 1, 2, 4, 5, 8, 10, 20, 40
    (3) 1, 2, 5, 10   (4) 10

11 $3\overline{)\,18\quad 27\,}$ / $3 \times 3 = 9$
    $3\overline{)\,6\quad 9\,}$
        $2\quad 3$

12 1, 2, 4, 8, 16

13 공배수, 30, 최소공배수

14 (1) 6, 12, 18, 24, 30, 36, 42, 48
    (2) 8, 16, 24, 32, 40, 48
    (3) 24, 48   (4) 24

15 3, 2, 3, 72

16 42, 84, 126, 168 / 92, 184, 276, 368

---

02 36의 약수 : 1, 2, 3, 4, 6, 9, 12, 18, 36

04 3의 배수는 51, 432, 60으로 3개입니다.

08 왼쪽 수가 오른쪽 수의 배수이므로 오른쪽 수는 왼쪽 수의 약수입니다. ➡ 35의 약수 : 1, 5, 7, 35

12 어떤 두 수의 공약수는 두 수의 최대공약수 16의 약수인 1, 2, 4, 8, 16입니다.

16 두 수의 공배수는 두 수의 최소공배수의 배수와 같습니다.

🐛 단원 평가

58~60쪽

01 18, 2, 6 / 1, 2, 3, 6, 9, 18

02 (1) 1, 2, 3, 6, 9, 18, 27, 54
    (2) 1, 2, 4, 5, 10, 20, 25, 50, 100

03 12, 36, 72

04 (1) 4, 8, 12, 16, 20
    (2) 11, 22, 33, 44, 55

05 40, 38, 100   **06** 33개

07 (1) 120, 124, 128 (2) 120, 125, 130

---

08 약수, 약수, 배수, 배수

09 (1) 1, 3, 7, 21   (2) 1, 3, 7, 21

10 ②

11 (1) 1, 3   (2) 1, 2, 3, 6

12 2, 2, 14, 56, 7, 7, 28, 1, 4 / 2, 2, 7, 28

13 (1) 9   (2) 11

14 (1) 32, 64, 96   (2) 180, 360, 540

15 2, 11, 22, 33, 2, 3 / 2, 11, 2, 3, 132

16 (1) 105   (2) 72

17 7, 4, 5 / 7, 140

18 2, 3, 15, 24, 5, 8 / 6, 240

19 1, 2, 5, 10 / 10

20 350, 700, 1050 / 350

---

03 $6 \times 2 = 12$, $6 \times 6 = 36$, $6 \times 12 = 72$

04 어떤 수의 배수는 어떤 수를 1배, 2배, …… 한 수입니다.

06 3, 6, 9, ……, 93, 96, 99
    $99 = 3 \times 33$이므로 3의 배수는 33개입니다.

10 ② $15 = 3 \times 5$

13 (1) $3\overline{)\,45\quad 27\,}$ (2) $11\overline{)\,11\quad 33\,}$
        $3\overline{)\,15\quad 9\,}$ $1\quad 3$
          $5\quad 3$ ➡ 11
    ➡ $3 \times 3 = 9$

14 공배수는 최소공배수의 배수입니다.

16 (1) $7\overline{)\,21\quad 35\,}$ (2) $2\overline{)\,18\quad 24\,}$
         $3\quad 5$ $3\overline{)\,9\quad 12\,}$
    ➡ $7 \times 3 \times 5 = 105$ $3\quad 4$
             ➡ $2 \times 3 \times 3 \times 4 = 72$

3. 규칙과 대응

원리 확인 ❶ (1) 2   (2) 10
         (3) 2   (4) 2

원리 확인 ❷ 24, 30

2 개미의 다리 수는 개미의 수의 6배입니다.
➡ $4 \times 6 = 24$, $5 \times 6 = 30$

1 17, 18, 19

2 오빠의 나이는 윤아의 나이보다 4살 많습니다.
또는 윤아의 나이는 오빠의 나이보다 4살 적습니다.

3 24살

4 9, 12, 15 / (1) 3   (2) 3

5 (1) ▲는 ▥보다 5 큰 수입니다. 또는 ▥는 ▲보다 5 작은 수입니다.
    (2) ▲는 ▥를 3으로 나눈 몫입니다. 또는 ▥는 ▲의 3배입니다.

1 윤아의 나이가 1씩 늘어날 때마다 오빠의 나이도 1씩 늘어납니다.

3 오빠의 나이가 윤아의 나이보다 4살 많으므로 (오빠의 나이)$=20+4=24$(살)입니다.

4 삼각형의 수가 1씩 커지면 삼각형의 꼭짓점 수는 3씩 커집니다.

1 6, 8, 10, 12   **2** 9, 12, 15, 18
3 12, 16, 20, 24   **4** 18, 24, 30, 36
5 9, 11, 13, 15   **6** 6, 7, 8, 9
7 △는 □보다 2 큰 수입니다. 또는 □는 △보다 2 작은 수입니다.

8 △는 □보다 3 큰 수입니다. 또는 □는 △보다 3 작은 수입니다.

9 △는 □보다 2 작은 수입니다. 또는 □는 △보다 2 큰 수입니다.

10 △는 □보다 5 큰 수입니다. 또는 □는 △보다 5 작은 수입니다.

11 △는 □의 4배입니다. 또는 □는 △를 4로 나눈 몫입니다.

12 △는 □의 3배입니다. 또는 □는 △를 3으로 나눈 몫입니다.

원리 확인 ❶ (1) 9   (2) 9, 10, 11, 12
         (3) 3   (4) ▲, 3 ▥, 3

원리 확인 ❷ (1) 2   (2) ▲, 2, ▥, 2

1 (4) 한초가 동생보다 3살 많으므로 (동생의 나이)$+3$을 합니다.

2 (2) 고무줄 1개에 구슬 2개가 필요하므로 (고무줄의 수)$\times 2$를 합니다.

1 ★$=$▥$+6$ 또는 ▥$=$★-6

2 (1) 12, 18, 24, 30, 36
    (2) (다리 수)$=$(개미의 수)$\times 6$
      또는 (개미의 수)$=$(다리 수)$\div 6$

3 15, 20, 30, 35, 40 /
    ●$=$▲$\times 5$ 또는 ▲$=$●$\div 5$

4 12, 16, 20, 24, 28 /
    ●$=$▲-4 또는 ▲$=$●$+4$

5 27, 26, 16, 15, 14, 13 / ▲$+$●$=30$ 또는
    ●$=30-$▲ 또는 ▲$=30-$●

1 ★은 ■보다 6 큰 수입니다. 또는 ■는 ★보다 6 작은 수입니다.

2 다리 수는 개미의 수의 6배입니다.

3 ●는 ▲의 5배입니다. 또는 ▲는 ●를 5로 나눈 몫입니다.

4 ●는 ▲보다 4 작은 수입니다. 또는 ▲는 ●보다 4 큰 수입니다.

5 ●와 ▲의 합이 30으로 일정합니다. 그러므로 ▲가 커지면 ●가 그 수만큼 작아집니다.

---

step **3** 원리척척
68~69쪽

1 $\triangle = \square + 5$ 또는 $\square = \triangle - 5$

2 $\triangle = \square - 2$ 또는 $\square = \triangle + 2$

3 $\triangle = \square + 3$ 또는 $\square = \triangle - 3$

4 $\triangle = \square - 6$ 또는 $\square = \triangle + 6$

5 $\triangle = \square - 10$ 또는 $\square = \triangle + 10$

6 $\square + \triangle = 20$ 또는 $\triangle = 20 - \square$ 또는 $\square = 20 - \triangle$

7 $\heartsuit = \odot \times 3$ 또는 $\odot = \heartsuit \div 3$

8 $\heartsuit = \odot \times 2$ 또는 $\odot = \heartsuit \div 2$

9 $\heartsuit = \odot \div 7$ 또는 $\odot = \heartsuit \times 7$

10 $\heartsuit = \odot \times 8$ 또는 $\odot = \heartsuit \div 8$

11 $\heartsuit = \odot \div 9$ 또는 $\odot = \heartsuit \times 9$

12 $\odot \times \heartsuit = 48$ 또는 $\heartsuit = 48 \div \odot$ 또는 $\odot = 48 \div \heartsuit$

---

step **1** 원리꼼꼼
70쪽

원리 확인 1 (1) 4   (2) 16
       (3) 20   (4) 4, 4
       (5) 4, 4

---

step **2** 원리탄탄
71쪽

1 7개   **2** 21, 28, 35, 42

3 7, 7   **4** ★ ×7, ●÷7

---

step **3** 원리척척
72~73쪽

1 8000, 10000

2 ■ = ▲÷2000 또는 ▲ = ■×2000

3 46000원

4 6, 12, 18, 24, 30, 36, 42, 48

5 ◇ = ○×6 또는 ○ = ◇÷6

6 60장   **7** 12송이

8 8, 9, 10, 11

9 ★ = ◉+4, ◉ = ★−4

10 16살   **11** 34살

12 14, 18, 22

13 ■ = (●−2)÷4 또는 ● = ■×4+2

14 50명

---

3 ▲ =23×2000=46000(원)

10 ◉ =20−4=16(살)

11 ★ =30+4=34(살)

14 ● =12×4+2=50(명)

---

step **4** 유형콕콕
74~75쪽

01 6, 12, 18, 24, 30, 36, 42

02 3, 6, 9, 18, 21 / 바퀴 수는 세발자전거 수의 3배입니다. 또는 세발자전거의 수는 바퀴 수를 3으로 나눈 몫입니다.

03 10 11, 12, 13, 14 / ▽는 ◎보다 4 큰 수입니다. 또는 ◎는 ▽보다 4 작은 수입니다.

04 13, 16, 19, 22

05 ■＝★－3 또는 ★＝■＋3

06 15, 20, 25, 30 /
(변의 수)＝(오각형의 수)×5 또는
(오각형의 수)＝(변의 수)÷5

07 15, 16, 17 / ▲＝●＋7 또는 ●＝▲－7

08 △＝□×8 또는 □＝△÷8

09 오후 1시 / 오전 1시, 오전 2시, 오전 7시

10 ●＝■－7 또는 ■＝●＋7

11 오전 10시　　**12** 오후 10시

13 24, 32, 3000, 4000

14 ■＝▲÷8 또는 ▲＝■×8

15 ■＝●÷1000 또는 ●＝■×1000

16 8000원

04 사각형의 수가 1개씩 늘어날 때마다 성냥개비는 3
개씩 늘어납니다.

10 파리가 서울보다 7시간 느립니다.

11 (파리 시각)＝(서울 시각)－7이므로
오후 5시－7시간＝오전 10시입니다.

12 (서울 시각)＝(파리 시각)＋7이므로
오후 3시＋7시간＝오후 10시입니다.

16 어묵 조각 수가 64개이면 어묵 꼬치 수는
64÷8＝8(개)이므로 어묵 꼬치의 가격은
8×1000＝8000(원)입니다.

단원평가　　　　　　　　　　　　76~78쪽

01 4도막　　　　　　**02** 4번

03 5, 6, 7, 8

04 색 테이프의 도막의 수는 자른 횟수보다 1만큼
더 큽니다. 자른 횟수는 색 테이프의 도막의 수
보다 1만큼 더 작습니다.

05 24, 32, 40　　　　**06** 9, 12, 15

07 10, 11, 12, 13　　**08** 20, 25, 30

09 12, 16, 20

10 예 (꼭짓점의 수)＝(사각형의 수)×4

11 ◉＝■＋4 또는 ■＝◉－4

12 ◉＝■－7 또는 ■＝◉＋7

13 ◉＝■×6 또는 ■＝◉÷6

14 6, 7, 8, 9, 10　　**15** 16, 25, 36

16 ◇＝◎×◎　　　　**17** 64개

18 7개

19 15, 14, 13 / ○＋☆＝18 또는 ☆＝18－○
또는 ○＝18－☆

20 예 자동차 한 대에 자동차 바퀴는 4개씩 있습
니다. 식탁 하나에 의자가 4개씩 있습니다.
등 /
예 1, 2, 3, 4, 5 / 4, 8, 12, 16, 20

02 3번 자르면 4도막이 되므로 4번 자르면 5도막이
됩니다.

06 한 층씩 쌓을 때마다 면봉은 3개씩 필요합니다.

07 (동생의 나이)＝(석기의 나이)－2

16 한 변에 놓인 바둑돌의 수를 두 번 곱하면 전체 바
둑돌의 수가 됩니다.

17 8×8＝64(개)

18 49＝7×7이므로 한 변에 놓인 바둑돌은 7개입니다.

4. 약분과 통분

step ① 원리꼼꼼   80쪽

원리확인 ① (1) 예
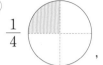
$\dfrac{1}{4}$, $\dfrac{2}{8}$

(2) 같습니다.

원리확인 ② (1) 풀이 참조   (2) 같습니다.

2 (1) 예

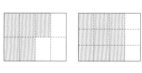

step ② 원리탄탄   81쪽

1 예
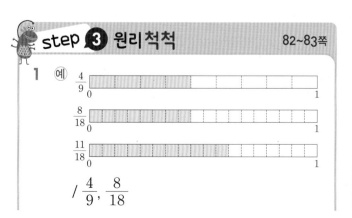
/ $\dfrac{3}{4}$, $\dfrac{9}{12}$

2 예 / 2, 10

3 4조각

3 피자의 $\dfrac{1}{3}$ 은 피자의 $\dfrac{4}{12}$ 와 같으므로 4조각을 먹어야 영수가 먹은 양과 같아집니다.

step ③ 원리척척   82~83쪽

1 예
$\dfrac{4}{9}$
$\dfrac{8}{18}$
$\dfrac{11}{18}$
/ $\dfrac{4}{9}$, $\dfrac{8}{18}$

2 예

$\dfrac{1}{3}$ $\dfrac{2}{6}$ $\dfrac{4}{9}$

/ $\dfrac{1}{3}$, $\dfrac{2}{6}$

3 예

$\dfrac{3}{4}$ $\dfrac{7}{12}$ $\dfrac{9}{12}$

/ $\dfrac{3}{4}$, $\dfrac{9}{12}$

4 예

$\dfrac{2}{5}$ $\dfrac{10}{15}$ $\dfrac{6}{15}$

/ $\dfrac{2}{5}$, $\dfrac{6}{15}$

5 예

$\dfrac{2}{5}$ $\dfrac{4}{10}$ $\dfrac{6}{15}$

/ $\dfrac{2}{5}$, $\dfrac{4}{10}$, $\dfrac{6}{15}$

6 예
  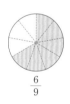
$\dfrac{2}{3}$ $\dfrac{4}{6}$ $\dfrac{6}{9}$

/ $\dfrac{2}{3}$, $\dfrac{4}{6}$, $\dfrac{6}{9}$

7 예
$\dfrac{3}{4}$
$\dfrac{6}{8}$
$\dfrac{9}{12}$
/ $\dfrac{3}{4}$, $\dfrac{6}{8}$, $\dfrac{9}{12}$

8 예

$\dfrac{1}{4}$ $\dfrac{2}{8}$ $\dfrac{4}{16}$

/ $\dfrac{1}{4}$, $\dfrac{2}{8}$, $\dfrac{4}{16}$

step ① 원리꼼꼼

84쪽

원리 확인 ① (1)

(2) $\dfrac{2}{8}$, $\dfrac{3}{12}$, $\dfrac{4}{16}$

원리 확인 ② (1) $\dfrac{6}{9}$, $\dfrac{4}{6}$, $\dfrac{2}{3}$ / 풀이 참조

(2) $\dfrac{6}{9}$, $\dfrac{4}{6}$, $\dfrac{2}{3}$

2 (1)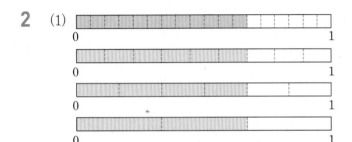

step ② 원리탄탄

85쪽

1 풀이 참조 / 4, 6, 8 / 2, 3, 4

2 $\dfrac{6}{10}$, $\dfrac{9}{15}$, $\dfrac{12}{20}$

3 풀이 참조 / 6, 3 / 2, 4

4 $\dfrac{2}{3}$, $\dfrac{6}{9}$

1

2 $\dfrac{3\times2}{5\times2}=\dfrac{6}{10}$, $\dfrac{3\times3}{5\times3}=\dfrac{9}{15}$, $\dfrac{3\times4}{5\times4}=\dfrac{12}{20}$

3

4 $\dfrac{24\div12}{36\div12}=\dfrac{2}{3}$, $\dfrac{24\div4}{36\div4}=\dfrac{6}{9}$

step ③ 원리척척

86~87쪽

1 2, $\dfrac{6}{10}$ / 3, $\dfrac{9}{15}$ / 4, $\dfrac{12}{20}$

2 3, $\dfrac{21}{30}$ / 5, $\dfrac{35}{50}$ / 6, $\dfrac{42}{60}$

3 2, $\dfrac{20}{34}$ / 4, $\dfrac{40}{68}$ / 5, $\dfrac{50}{85}$

4 49 **5** 90

6 10 **7** 120

8 108 **9** 55

10 44 **11** 100

12 52 **13** 144

14 2, $\dfrac{2}{6}$ / 4, $\dfrac{1}{3}$

15 2, $\dfrac{9}{12}$ / 3, $\dfrac{6}{8}$ / 6, $\dfrac{3}{4}$

16 3, $\dfrac{9}{18}$ / 9, $\dfrac{3}{6}$ / 27, $\dfrac{1}{2}$

17 3 **18** 5

19 8 **20** 7

21 5 **22** 10

23 2 **24** 3

25 11 **26** 8

step ① 원리꼼꼼

88쪽

원리 확인 ① (1) 2, 4

(2) 2, $\dfrac{6}{8}$ / 4, $\dfrac{3}{4}$

원리 확인 ② (1) 2, 2, 10, 14, 5, 7 / 2, 2, 4

(2) 4, 4, $\dfrac{5}{7}$

1 (2) 12와 16의 공약수 중에서 1을 제외한 수로 약분합니다.

2 분모와 분자의 최대공약수로 약분하면 한번에 기약분수로 나타낼 수 있습니다.

1 $3, \dfrac{9}{15}$ / $9, 9, \dfrac{3}{5}$

2 (1) 5   (2) $\dfrac{2}{3}$

   (3) $18, \dfrac{8}{9}$ (4) $12, 10, \dfrac{3}{5}$

3 $\dfrac{7}{15}, \dfrac{16}{27}$

4 (1) $\dfrac{12}{28} \Rightarrow \dfrac{\overset{6}{12}}{\underset{14}{28}} \Rightarrow \dfrac{\overset{\overset{3}{6}}{12}}{\underset{\underset{7}{14}}{28}} \Rightarrow \dfrac{3}{7}$

   (2) $\dfrac{48}{54} \Rightarrow \dfrac{\overset{24}{48}}{\underset{27}{54}} \Rightarrow \dfrac{\overset{\overset{8}{24}}{48}}{\underset{\underset{9}{27}}{54}} \Rightarrow \dfrac{8}{9}$

1 27과 45의 공약수는 1, 3, 9이므로 3, 9로 약분합니다.

2 (1) $\dfrac{10}{16} = \dfrac{10 \div 2}{16 \div 2} = \dfrac{5}{8}$

(2) $\dfrac{14}{21} = \dfrac{14 \div 7}{21 \div 7} = \dfrac{2}{3}$

(3) $\dfrac{32}{36} = \dfrac{32 \div 2}{36 \div 2} = \dfrac{16}{18}$, $\dfrac{32}{36} = \dfrac{32 \div 4}{36 \div 4} = \dfrac{8}{9}$

(4) $\dfrac{24}{40} = \dfrac{24 \div 2}{40 \div 2} = \dfrac{12}{20}$, $\dfrac{24}{40} = \dfrac{24 \div 4}{40 \div 4} = \dfrac{6}{10}$,

$\dfrac{24}{40} = \dfrac{24 \div 8}{40 \div 8} = \dfrac{3}{5}$

3 $\dfrac{2}{4} = \dfrac{2 \div 2}{4 \div 2} = \dfrac{1}{2}$, $\dfrac{6}{9} = \dfrac{6 \div 3}{9 \div 3} = \dfrac{2}{3}$,

$\dfrac{21}{24} = \dfrac{21 \div 3}{24 \div 3} = \dfrac{7}{8}$이므로

기약분수는 $\dfrac{7}{15}, \dfrac{16}{27}$입니다.

1 4   **2** 6, 3

3 6, 3   **4** 3

5 3   **6** 15, 10, 5

7 10, 10, 8, 2, 1   **8** 9

9 24, 18, 9   **10** 15, 12, 4

11 50, 20, 5, 2, 1

12 36, 24, 30, 20, 9, 6, 5

13 3, 3, 3, $\dfrac{1}{3}$ **14** 2, 2, 2, $\dfrac{7}{8}$

15 4, 4, 4, $\dfrac{5}{8}$ **16** $\dfrac{1}{2}$

17 $\dfrac{3}{4}$ **18** $\dfrac{3}{4}$

19 $\dfrac{7}{9}$ **20** $\dfrac{1}{2}$

21 $\dfrac{3}{4}$ **22** $\dfrac{7}{11}$

23 $\dfrac{5}{7}$ **24** $\dfrac{1}{3}$

원리 확인 ① (1) 54 / 9, $\dfrac{45}{54}$, 6, $\dfrac{6}{54}$ / $\dfrac{45}{54}$, $\dfrac{6}{54}$

   (2) 18 / 3, $\dfrac{15}{18}$, 2, $\dfrac{2}{18}$ / $\dfrac{15}{18}$, $\dfrac{2}{18}$

1 (2) $3 \,)\! \overline{\,6 \quad 9\,}$
           $2 \quad 3$

   ➡ 6과 9의 최소공배수 : $3 \times 2 \times 3 = 18$

1 10, 8, $\dfrac{10}{40}$, $\dfrac{16}{40}$ / 15, 12, $\dfrac{15}{60}$, $\dfrac{24}{60}$

2 (1) 108, $\dfrac{48}{108}$, $\dfrac{45}{108}$

   (2) 36, $\dfrac{16}{36}$, $\dfrac{15}{36}$

3 (1) $\left(\dfrac{105}{135}, \dfrac{36}{135} \right)$ (2) $\left(\dfrac{42}{98}, \dfrac{63}{98} \right)$

4 (1) $\left(\dfrac{20}{24}, \dfrac{15}{24}\right)$　　(2) $\left(2\dfrac{9}{12}, 1\dfrac{2}{12}\right)$

5 40, 80

5 통분할 때 공통분모는 두 분모의 공배수이므로 40, 80, 120, 160, ……입니다.

---

step ③ 원리 척척　　94~97쪽

1 6, 9, 16, 20, 18 / 2, 9, 12, 5, 6, 21, 24 /

$\dfrac{9}{12}, \dfrac{4}{12}, \dfrac{18}{24}, \dfrac{8}{24}$

2 12, 15, 24, 30, 36 / 4, 27, 8, 45, 54 /

$\dfrac{15}{18}, \dfrac{4}{18}, \dfrac{30}{36}, \dfrac{8}{36}$

3 16, 15, 20, 40, 48 / 14, 36, 28, 60, 72 /

$\dfrac{15}{24}, \dfrac{14}{24}, \dfrac{30}{48}, \dfrac{28}{48}$

4 12, 3, 4, 30, 36, 7, 8 / 16, 9, 12, 40,

48, 21 / $\dfrac{4}{24}, \dfrac{9}{24}, \dfrac{8}{48}, \dfrac{18}{48}$

5 4, 8 / 3, 3 / $\dfrac{8}{12}, \dfrac{3}{12}$

8, 16 / 6, 6 / $\dfrac{16}{24}, \dfrac{6}{24}$

6 6, 30 / 7, 7 / $\dfrac{30}{42}, \dfrac{7}{42}$

12, 60 / 14, 14 / $\dfrac{60}{84}, \dfrac{14}{84}$

7 15, 36, 30, 72, 45, 108

8 3, 16, 6, 32, 9, 48

9 21, 20, 42, 40, 63, 60

10 4, 15, 8, 30, 12, 45

11 6, 3, 2, 3, 4

12 42, 6, 7 / $\dfrac{30}{42}, \dfrac{7}{42}$

13 96, 8, 12 / $\dfrac{8}{96}, \dfrac{36}{96}$

14 $\dfrac{63}{72}, \dfrac{16}{72}$　　**15** $\dfrac{84}{120}, \dfrac{50}{120}$

16 $\dfrac{72}{162}, \dfrac{99}{162}$　　**17** $\dfrac{45}{100}, \dfrac{80}{100}$

18 $\dfrac{340}{480}, \dfrac{216}{480}$　　**19** $\dfrac{192}{324}, \dfrac{135}{324}$

20 $3\dfrac{20}{90}, 5\dfrac{27}{90}$　　**21** $2\dfrac{56}{120}, 1\dfrac{75}{120}$

22 12 / 3, 2 / 9, 10

23 63 / 7, 7, 9, 9 / $\dfrac{28}{63}, \dfrac{18}{63}$

24 24 / 2, 2, 3, 3 / $\dfrac{22}{24}, \dfrac{15}{24}$

25 $\dfrac{8}{22}, \dfrac{13}{22}$　　**26** $\dfrac{45}{80}, \dfrac{24}{80}$

27 $\dfrac{14}{48}, \dfrac{39}{48}$　　**28** $\dfrac{22}{54}, \dfrac{15}{54}$

29 $\dfrac{84}{105}, \dfrac{49}{105}$　　**30** $\dfrac{65}{240}, \dfrac{56}{240}$

31 $1\dfrac{25}{60}, 2\dfrac{34}{60}$　　**32** $3\dfrac{27}{40}, 3\dfrac{26}{40}$

---

step ① 원리 꼼꼼　　98쪽

원리 확인 ① (1) 5, 4, >　　(2) 14, 15, <

(3) 7, 6, >　　(4) $\dfrac{1}{2}, \dfrac{3}{7}, \dfrac{2}{5}$

1 (1) $\dfrac{1}{2} = \dfrac{1 \times 5}{2 \times 5} = \dfrac{5}{10}$, $\dfrac{2}{5} = \dfrac{2 \times 2}{5 \times 2} = \dfrac{4}{10}$

➡ $\dfrac{1}{2} > \dfrac{2}{5}$

(2) $\dfrac{2}{5} = \dfrac{2 \times 7}{5 \times 7} = \dfrac{14}{35}$, $\dfrac{3}{7} = \dfrac{3 \times 5}{7 \times 5} = \dfrac{15}{35}$

➡ $\dfrac{2}{5} < \dfrac{3}{7}$

(3) $\dfrac{1}{2} = \dfrac{1 \times 7}{2 \times 7} = \dfrac{7}{14}$, $\dfrac{3}{7} = \dfrac{3 \times 2}{7 \times 2} = \dfrac{6}{14}$

➡ $\dfrac{1}{2} > \dfrac{3}{7}$

---

step ② 원리 탄탄　　99쪽

1 $\dfrac{15}{18}, >, \dfrac{14}{18}, >$

2 (1) >　　　　　(2) <

3 6, <, < / 63, >, 90, > /

$\frac{27}{45}$, >, $\frac{20}{45}$, > / $\frac{7}{10}$, $\frac{3}{5}$, $\frac{4}{9}$

4 $\frac{4}{7}$, $\frac{2}{3}$, $\frac{3}{4}$

1 6과 9의 최소공배수는 18이므로

$\frac{5}{6}=\frac{5\times3}{6\times3}=\frac{15}{18}$, $\frac{7}{9}=\frac{7\times2}{9\times2}=\frac{14}{18}$ ➡ $\frac{5}{6}>\frac{7}{9}$

2 (1) $\frac{4}{5}=\frac{4\times8}{5\times8}=\frac{32}{40}$, $\frac{5}{8}=\frac{5\times5}{8\times5}=\frac{25}{40}$

➡ $\frac{4}{5}>\frac{5}{8}$

(2) $\frac{1}{4}=\frac{1\times5}{4\times5}=\frac{5}{20}$, $\frac{3}{10}=\frac{3\times2}{10\times2}=\frac{6}{20}$

➡ $\frac{1}{4}<\frac{3}{10}$

3 $\frac{3}{5}=\frac{3\times2}{5\times2}=\frac{6}{10}$ ➡ $\frac{3}{5}<\frac{7}{10}$

$\frac{7}{10}=\frac{7\times9}{10\times9}=\frac{63}{90}$, $\frac{4}{9}=\frac{4\times10}{9\times10}=\frac{40}{90}$

➡ $\frac{7}{10}>\frac{4}{9}$

$\frac{3}{5}=\frac{3\times9}{5\times9}=\frac{27}{45}$, $\frac{4}{9}=\frac{4\times5}{9\times5}=\frac{20}{45}$ ➡ $\frac{3}{5}>\frac{4}{9}$

따라서 $\frac{7}{10}>\frac{3}{5}>\frac{4}{9}$입니다.

step ③ 원리척척 100~101쪽

1 $\frac{8}{48}$, $\frac{30}{48}$, <   **2** $\frac{84}{108}$, $\frac{45}{108}$, >

3 $\frac{15}{40}$, $\frac{12}{40}$, >   **4** $\frac{48}{90}$, $\frac{55}{90}$, <

5 <   **6** >

7 <   **8** <

9 15, 8, > / 40, 63, < / 25, 21, > /

$\frac{5}{6}$, $\frac{7}{10}$, $\frac{4}{9}$

10 $\frac{1}{8}$, $\frac{3}{10}$, $\frac{2}{5}$ **11** $\frac{2}{9}$, $\frac{5}{12}$, $\frac{13}{27}$

12 $\frac{4}{5}$, $\frac{3}{4}$, $\frac{1}{2}$ **13** $\frac{59}{100}$, $\frac{9}{20}$, $\frac{1}{50}$

step ① 원리꼼꼼 102쪽

원리 확인 ① (1) 4, 3 / 4, >, 3 / >

(2) 4, 3 / 0.4, >, 0.3 / $\frac{8}{20}$, >, $\frac{9}{30}$

원리 확인 ② (1) 7, 8 / <   (2) 8, 0.8 / <

step ② 원리탄탄 103쪽

1 (1) 0.7   (2) 0.9

(3) 3   (4) 5

2 (1) 5, 5, 5, 0.5   (2) 2, 2, 6, 0.6

3 (1) 8, 7 / 8, >, 7 / >

(2) 8, 7 / 0.8, 0.7 / 0.8, >, 0.7 / >

4 (1) <   (2) <

(3) <   (4) <

4 (1) $\frac{3}{4}=0.75$ ⬤< 0.8

(3) $0.6=\frac{6}{10}$ ⬤< $\frac{4}{5}=\frac{8}{10}$

step ③ 원리척척 104~105쪽

1 0.75, >   **2** 0.65, <

3 2.25, >   **4** 3.375, <

5 7, 6 / >   **6** 62, 75 / <

7 160, 152 / >   **8** 343, 325 / >

9 $\frac{3}{4}$, 0.7, 0.6, $\frac{2}{5}$ **10** $1\frac{3}{5}$, 1.5, 1.4, $1\frac{1}{4}$

11 $3\frac{3}{5}$, 3.5, $3\frac{3}{8}$, 3.28

12 $1\frac{1}{4}$, 1.03, $\frac{7}{8}$, $\frac{4}{5}$

13 3.2, $3\frac{1}{8}$, 2.78, $2\frac{3}{4}$

14 $5\frac{1}{4}$, 5.05, 4.95, $4\frac{7}{8}$

---

(2) $\dfrac{54}{78}=\dfrac{54\div6}{78\div6}=\dfrac{9}{13}$

09 $\dfrac{7}{8}=\dfrac{7\times6}{8\times6}=\dfrac{42}{48}$, $\dfrac{5}{6}=\dfrac{5\times8}{6\times8}=\dfrac{40}{48}$

10 18과 12의 최소공배수 : 36

$\dfrac{5}{18}=\dfrac{5\times2}{18\times2}=\dfrac{10}{36}$, $\dfrac{7}{12}=\dfrac{7\times3}{12\times3}=\dfrac{21}{36}$

11 $\dfrac{3}{7}=\dfrac{3\times10}{7\times10}=\dfrac{30}{70}$, $\dfrac{9}{14}=\dfrac{9\times5}{14\times5}=\dfrac{45}{70}$

12 $\dfrac{1}{6}$과 $\dfrac{2}{9}$를 통분할 때 공통분모가 될 수 있는 수는 6과 9의 공배수, 즉 18의 배수이므로 18, 36, 54, ……입니다.

14 $\left(\dfrac{13}{16}, \dfrac{7}{8}\right)$을 통분하면 $\left(\dfrac{13}{16}, \dfrac{14}{16}\right)$이므로 $\dfrac{13}{16}<\dfrac{7}{8}$입니다.

15 $\left(\dfrac{10}{11}, \dfrac{5}{6}\right)\Rightarrow\left(\dfrac{60}{66}, \dfrac{55}{66}\right)\Rightarrow\dfrac{10}{11}>\dfrac{5}{6}$

$\left(\dfrac{5}{6}, \dfrac{3}{4}\right)\Rightarrow\left(\dfrac{10}{12}, \dfrac{9}{12}\right)\Rightarrow\dfrac{5}{6}>\dfrac{3}{4}$

따라서 $\dfrac{3}{4}<\dfrac{5}{6}<\dfrac{10}{11}$입니다.

---

step 4 유형콕콕 106~107쪽

01 7, 35, 7   **02** 4, 8, 4

03 (1) 21   (2) 55
   (3) 8   (4) 9

04 $\dfrac{2}{7}$, $\dfrac{16}{56}$

05 (1) $\dfrac{20}{32}$, $\dfrac{10}{16}$, $\dfrac{5}{8}$ (2) $\dfrac{5}{8}$

06 (1) $\dfrac{4}{7}$ (2) $\dfrac{5}{6}$
   (3) $\dfrac{7}{14}$, $\dfrac{3}{6}$, $\dfrac{1}{2}$ (4) $\dfrac{27}{30}$, $\dfrac{18}{20}$, $\dfrac{9}{10}$

07 4, 4, 4, $\dfrac{7}{12}$

08 (1) $\dfrac{8}{17}$ (2) $\dfrac{9}{13}$

09 $\dfrac{42}{48}$, $\dfrac{40}{48}$ **10** $\dfrac{10}{36}$, $\dfrac{21}{36}$

11 $\dfrac{30}{70}$, $\dfrac{45}{70}$ **12** 18, 36, 54

13 55, $\dfrac{54}{120}$, $>$ **14** $<$

15 $\dfrac{10}{11}$, $\dfrac{5}{6}$, $\dfrac{3}{4}$ **16** $2\dfrac{3}{4}$, 2.7, $2\dfrac{3}{5}$

04 $\dfrac{8\div4}{28\div4}=\dfrac{2}{7}$, $\dfrac{8\times2}{28\times2}=\dfrac{16}{56}$

05 (1) $\dfrac{40\div2}{64\div2}=\dfrac{20}{32}$, $\dfrac{40\div4}{64\div4}=\dfrac{10}{16}$, $\dfrac{40\div8}{64\div8}=\dfrac{5}{8}$

08 (1) $\dfrac{16}{34}=\dfrac{16\div2}{34\div2}=\dfrac{8}{17}$

단원평가 108~110쪽

01 (1) 36, 20, 30   (2) 27, 16, 9

02 $\dfrac{24}{28}$, $\dfrac{60}{70}$ **03** $\dfrac{4}{5}$, $\dfrac{20}{25}$, $\dfrac{8}{10}$

04 (1) 예 $\dfrac{10}{18}$, $\dfrac{15}{27}$, $\dfrac{20}{36}$
   (2) 예 $\dfrac{28}{70}$, $\dfrac{14}{35}$, $\dfrac{8}{20}$

05 $\dfrac{9}{18}$, $\dfrac{6}{12}$, $\dfrac{3}{6}$, $\dfrac{2}{4}$, $\dfrac{1}{2}$

06 ④

07 (1) $\dfrac{3}{8}$ (2) $2\dfrac{8}{9}$

20 ・ 수학 5-1

08 $\dfrac{8}{9}$, $\dfrac{39}{112}$, $\dfrac{15}{17}$, $\dfrac{13}{252}$

09 ③

10 (1) 6, 4, 18, 4　　(2) 3, 2, 9, 2

11 $\dfrac{18}{84}$, $\dfrac{70}{84}$　　**12** $\dfrac{160}{450}$, $\dfrac{315}{450}$

13 $\dfrac{27}{48}$, $\dfrac{28}{48}$　　**14** $\dfrac{33}{39}$, $\dfrac{25}{39}$

15 (1) >　　(2) >

16 ㉡　　**17** $\dfrac{11}{12}$, $\dfrac{6}{7}$, $\dfrac{3}{8}$

18 $\dfrac{18}{25}$, $\dfrac{9}{16}$, $\dfrac{21}{50}$　　**19** $\dfrac{1}{12}$, $\dfrac{5}{6}$, $\dfrac{7}{8}$

20 ③

---

13 $\dfrac{9}{16}=\dfrac{9\times3}{16\times3}=\dfrac{27}{48}$, $\dfrac{7}{12}=\dfrac{7\times4}{12\times4}=\dfrac{28}{48}$

14 $\dfrac{11}{13}=\dfrac{11\times3}{13\times3}=\dfrac{33}{39}$

15 (1) $\left(\dfrac{17}{18}, \dfrac{11}{30}\right) \Rightarrow \left(\dfrac{85}{90}, \dfrac{33}{90}\right) \Rightarrow \dfrac{17}{18} > \dfrac{11}{30}$

　　(2) $\left(\dfrac{8}{21}, \dfrac{3}{14}\right) \Rightarrow \left(\dfrac{16}{42}, \dfrac{9}{42}\right) \Rightarrow \dfrac{8}{21} > \dfrac{3}{14}$

16 $\left(\dfrac{5}{8}, \dfrac{17}{22}\right) \Rightarrow \left(\dfrac{55}{88}, \dfrac{68}{88}\right) \Rightarrow \dfrac{5}{8} < \dfrac{17}{22}$

20 ① $\dfrac{3}{4}=0.75$　③ $\dfrac{7}{8}=0.875$　⑤ $\dfrac{4}{5}=0.8$

---

01 (1) $\dfrac{5}{18}=\dfrac{5\times2}{18\times2}=\dfrac{5\times4}{18\times4}=\dfrac{5\times6}{18\times6}$

　　(2) $\dfrac{48}{54}=\dfrac{48\div2}{54\div2}=\dfrac{48\div3}{54\div3}=\dfrac{48\div6}{54\div6}$

02 $\dfrac{6}{7}=\dfrac{6\times4}{7\times4}=\dfrac{6\times10}{7\times10}$

03 $\dfrac{40}{50}=\dfrac{40\div10}{50\div10}=\dfrac{40\div5}{50\div5}=\dfrac{40\div2}{50\div2}$

05 36과 18의 공약수인 2, 3, 6, 9, 18로 약분할 수 있습니다.

07 (1) $\dfrac{33}{88}=\dfrac{33\div11}{88\div11}=\dfrac{3}{8}$

　　(2) $2\dfrac{32}{36}=2\dfrac{32\div4}{36\div4}=2\dfrac{8}{9}$

08 $\dfrac{10}{25}=\dfrac{2}{5}$, $\dfrac{35}{84}=\dfrac{5}{12}$

09 ① $\dfrac{2}{9}$　② $\dfrac{2}{9}$　③ $\dfrac{1}{4}$　④ $\dfrac{2}{9}$　⑤ $\dfrac{2}{5}$

11 $\dfrac{3}{14}=\dfrac{3\times6}{14\times6}=\dfrac{18}{84}$, $\dfrac{5}{6}=\dfrac{5\times14}{6\times14}=\dfrac{70}{84}$

12 $\dfrac{16}{45}=\dfrac{16\times10}{45\times10}=\dfrac{160}{450}$, $\dfrac{7}{10}=\dfrac{7\times45}{10\times45}=\dfrac{315}{450}$

5. 분수의 덧셈과 뺄셈

step ① 원리 꼼꼼 112쪽

원리 확인 ① 10, 3, 13

원리 확인 ② (1) 9, 9, 6, 6, 45, 6, 51, 17
　　　　　 (2) 3, 3, 2, 2, 15, 2, 17

1 두 분수를 통분한 다음, 분모는 그대로 두고 분자끼리 더합니다.

step ② 원리 탄탄 113쪽

1 7

2 (1) 2, 8, 13　　　(2) 9, 4, 4, 27, 8, 35

3 $\dfrac{1}{4}+\dfrac{3}{10}=\dfrac{1\times5}{4\times5}+\dfrac{3\times2}{10\times2}=\dfrac{5}{20}+\dfrac{6}{20}=\dfrac{11}{20}$

4 (1) $\dfrac{16}{21}$　　　(2) $\dfrac{22}{45}$

5 $\dfrac{14}{15}$시간

1 $\dfrac{1}{6}+\dfrac{5}{12}=\dfrac{2}{12}+\dfrac{5}{12}=\dfrac{7}{12}$

3 4와 10의 최소공배수는 20입니다.

4 (1) $\dfrac{1}{3}+\dfrac{3}{7}=\dfrac{7}{21}+\dfrac{9}{21}=\dfrac{16}{21}$

(2) $\dfrac{2}{9}+\dfrac{4}{15}=\dfrac{10}{45}+\dfrac{12}{45}=\dfrac{22}{45}$

5 $\dfrac{4}{15}+\dfrac{2}{3}=\dfrac{4}{15}+\dfrac{10}{15}=\dfrac{14}{15}$(시간)

step ③ 원리 척척 114~115쪽

1 6, 5, 6, 5, 11　　**2** 8, 4, 32, 32, 32, 8

3 $\dfrac{51}{56}$　　　　　**4** $\dfrac{7}{9}$

5 $\dfrac{11}{12}$　　　**6** $\dfrac{22}{40}\left(=\dfrac{11}{20}\right)$

7 $\dfrac{42}{45}\left(=\dfrac{14}{15}\right)$　　**8** $\dfrac{21}{54}\left(=\dfrac{7}{18}\right)$

9 $\dfrac{83}{84}$　　　**10** $\dfrac{115}{150}\left(=\dfrac{23}{30}\right)$

11 $\dfrac{92}{96}\left(=\dfrac{23}{24}\right)$　　**12** $\dfrac{204}{320}\left(=\dfrac{51}{80}\right)$

13 3, 2, 24, 24, 24　　**14** 3, 2, 3, 14, 17

15 $\dfrac{13}{24}$　　　**16** $\dfrac{5}{8}$

17 $\dfrac{7}{10}$　　　**18** $\dfrac{19}{20}$

19 $\dfrac{14}{15}$　　　**20** $\dfrac{23}{36}$

21 $\dfrac{34}{45}$　　　**22** $\dfrac{59}{80}$

23 $\dfrac{29}{54}$　　　**24** $\dfrac{37}{42}$

step ① 원리 꼼꼼 116쪽

원리 확인 ① 2, 1 / 2, 3, 5, $1\dfrac{1}{4}$

원리 확인 ② (1) 6, 4, 4, 18, 20, 38, 1, 14, 1, 7
　　　　　 (2) 3, 2, 2, 9, 10, 19, 1, 7

step ② 원리 탄탄 117쪽

1 15, 16, 31, $1\dfrac{11}{20}$

2 (1) 8, 6, 40, 30, 70, 1, 22, 1, 11
　　(2) 4, 3, 20, 15, 35, 1, 11

3 풀이 참조

4 (1) $1\dfrac{19}{36}$　　　(2) $1\dfrac{23}{42}$

3 $\dfrac{5}{6}+\dfrac{11}{12}=\dfrac{5\times2}{6\times2}+\dfrac{11}{12}=\dfrac{10}{12}+\dfrac{11}{12}=\dfrac{21}{12}$

       $=1\dfrac{9}{12}=1\dfrac{3}{4}$

4   (1) $\dfrac{3}{4}+\dfrac{7}{9}=\dfrac{27}{36}+\dfrac{28}{36}=\dfrac{55}{36}=1\dfrac{19}{36}$

     (2) $\dfrac{5}{7}+\dfrac{5}{6}=\dfrac{30}{42}+\dfrac{35}{42}=\dfrac{65}{42}=1\dfrac{23}{42}$

---

step ❸ 원리척척   118~119쪽

1   9, 3, 18, 21, 39, 1, 12, 1, 4

2   7, 8, 56, 56, 56, $1\dfrac{25}{56}$

3 $1\dfrac{15}{54}\left(=1\dfrac{5}{18}\right)$ **4** $1\dfrac{12}{32}\left(=1\dfrac{3}{8}\right)$

5 $1\dfrac{7}{15}$ **6** $1\dfrac{14}{24}\left(=1\dfrac{7}{12}\right)$

7 $1\dfrac{11}{30}$ **8** $1\dfrac{17}{63}$

9 $1\dfrac{20}{96}\left(=1\dfrac{5}{24}\right)$ **10** $1\dfrac{133}{294}\left(=1\dfrac{19}{42}\right)$

11 $1\dfrac{51}{270}\left(=1\dfrac{17}{90}\right)$ **12** $1\dfrac{53}{132}$

13 3, 2, 15, 14, 29, 1, 5

14 3, 2, 18, 18, 18, 1, 18

15 $1\dfrac{1}{8}$ **16** $1\dfrac{1}{18}$

17 $1\dfrac{1}{2}$ **18** $1\dfrac{1}{4}$

19 $1\dfrac{13}{45}$ **20** $1\dfrac{11}{54}$

21 $1\dfrac{23}{48}$ **22** $1\dfrac{5}{42}$

23 $1\dfrac{11}{30}$ **24** $1\dfrac{16}{45}$

---

step ❶ 원리꼼꼼   120쪽

원리확인 ❶   3, 8, 3, 8, 11, 11

원리확인 ❷   (1) 2, 2, 7, 1, 4, 1

          (2) 7, 11, 14, 11, 25, 4, 1

1   두 분수를 통분한 다음, 자연수는 자연수끼리, 분수는 분수끼리 더합니다.

2   (2) $2\dfrac{1}{3}=\dfrac{2\times3+1}{3}=\dfrac{7}{3}$,

        $1\dfrac{5}{6}=\dfrac{1\times6+5}{6}=\dfrac{11}{6}$

---

step ❷ 원리탄탄   121쪽

1 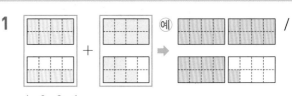

    4, 9, 3, 1

2   (1) 21, 4, 21, 4, 25, 4, 25

     (2) 4, 21, 4, 21, 25, 1, 5, 1

3   11, 6, 55, 24, 79, 3, 19

4   (1) $4\dfrac{23}{56}$ (2) $4\dfrac{25}{36}$

---

3 $2\dfrac{3}{4}=\dfrac{2\times4+3}{4}=\dfrac{11}{4}$, $1\dfrac{1}{5}=\dfrac{1\times5+1}{5}=\dfrac{6}{5}$

4   (1) $1\dfrac{2}{7}+3\dfrac{1}{8}=1\dfrac{16}{56}+3\dfrac{7}{56}=4\dfrac{23}{56}$

     (2) $2\dfrac{7}{9}+1\dfrac{11}{12}=2\dfrac{28}{36}+1\dfrac{33}{36}=3\dfrac{61}{36}=4\dfrac{25}{36}$

---

step ❸ 원리척척   122~123쪽

1   3, 1, 15, 4, 19, 19

2   2, 5, 2, 10, 3, 3, 13, 3, 1, 4, 1

3 $3\dfrac{11}{15}$ **4** $4\dfrac{5}{12}$

5 $5\dfrac{5}{6}$ **6** $4\dfrac{11}{20}$

7 $6\frac{11}{21}$ **8** $4\frac{21}{40}$

9 $5\frac{5}{18}$ **10** $6\frac{7}{30}$

11 $4\frac{8}{55}$ **12** $5\frac{11}{72}$

13 11, 10, 77, 30, 107, 5, 2

14 7, 11, 42, 55, 97, 3, 7

15 $3\frac{8}{15}$ **16** $4\frac{5}{12}$

17 $4\frac{1}{2}$ **18** $5\frac{1}{4}$

19 $4\frac{1}{21}$ **20** $3\frac{23}{72}$

21 $6\frac{2}{9}$ **22** $7\frac{14}{55}$

23 $4\frac{1}{6}$ **24** $6\frac{5}{36}$

3 $\dfrac{7}{8}-\dfrac{1}{6}=\dfrac{7\times6}{8\times6}-\dfrac{1\times8}{6\times8}=\dfrac{42}{48}-\dfrac{8}{48}$
$=\dfrac{34}{48}=\dfrac{17}{24}$

4 (1) $\dfrac{4}{5}-\dfrac{1}{3}=\dfrac{12}{15}-\dfrac{5}{15}=\dfrac{7}{15}$

(2) $\dfrac{5}{8}-\dfrac{5}{12}=\dfrac{15}{24}-\dfrac{10}{24}=\dfrac{5}{24}$

step ③ 원리척척
126~127쪽

1 9, 6, 54, 54, 54, 18

2 7, 8, 35, 24, 11

3 $\dfrac{11}{20}$ **4** $\dfrac{2}{48}\left(=\dfrac{1}{24}\right)$

5 $\dfrac{8}{48}\left(=\dfrac{1}{6}\right)$ **6** $\dfrac{7}{30}$

7 $\dfrac{31}{91}$ **8** $\dfrac{43}{90}$

9 $\dfrac{37}{120}$ **10** $\dfrac{108}{320}\left(=\dfrac{27}{80}\right)$

11 $\dfrac{50}{72}\left(=\dfrac{25}{36}\right)$ **12** $\dfrac{22}{56}\left(=\dfrac{11}{28}\right)$

13 1, 2, 4, 4, $\dfrac{1}{4}$ **14** 2, 1, 10, 10, $\dfrac{1}{10}$

15 $\dfrac{1}{8}$ **16** $\dfrac{3}{6}\left(=\dfrac{1}{2}\right)$

17 $\dfrac{9}{20}$ **18** $\dfrac{5}{9}$

19 $\dfrac{3}{14}$ **20** $\dfrac{5}{24}$

21 $\dfrac{5}{15}\left(=\dfrac{1}{3}\right)$ **22** $\dfrac{31}{90}$

23 $\dfrac{37}{60}$ **24** $\dfrac{17}{42}$

step ① 원리꼼꼼
124쪽

원리확인 ① 9, 8, 1

원리확인 ② (1) 4, 4, 6, 6, 20, 18, 2, 1

(2) 2, 2, 3, 3, 10, 9, 1

1 두 분수를 통분한 다음, 분모는 그대로 두고 분자끼리 뺍니다.

step ② 원리탄탄
125쪽

1 − ➡ 예 / 4, 1, 3

2 (1) 3, 3, 6, 2 (2) 5, 5, 7, 7, 25, 21, 4

3 풀이 참조

4 (1) $\dfrac{7}{15}$ (2) $\dfrac{5}{24}$

step ① 원리꼼꼼
128쪽

원리확인 ① 3, 2, 1, 2, 1

원리확인 ② (1) 12, 5, 1, 7, 1, 7

(2) 13, 5, 52, 25, 27, 1, 7

1 자연수는 자연수끼리, 분수는 분수끼리 뺍니다.
분수의 뺄셈은 분수를 통분하여 분모가 같은 분수
로 고쳐서 계산합니다.

2 (2) 계산 결과가 가분수이면 대분수로 고칩니다.

step ② 원리탄탄 129쪽

1 8, 3, 5, 5

2 (1) 7, 4, 3, 2, 3
　 (2) 9, 16, 63, 32, 31, 2, 3

3 풀이 참조

4 (1) $2\frac{7}{20}$　　(2) $1\frac{1}{3}$

3 $4\frac{5}{6}-2\frac{1}{8}=(4-2)+(\frac{5}{6}-\frac{1}{8})$
$=2+(\frac{20}{24}-\frac{3}{24})=2+\frac{17}{24}=2\frac{17}{24}$

4 (1) $4\frac{3}{4}-2\frac{2}{5}=(4-2)+(\frac{15}{20}-\frac{8}{20})$
$=2+\frac{7}{20}=2\frac{7}{20}$
　 (2) $2\frac{3}{5}-1\frac{4}{15}=(2-1)+(\frac{9}{15}-\frac{4}{15})$
$=1+\frac{1}{3}=1\frac{1}{3}$

step ③ 원리척척 130~131쪽

1 4, 1, 8, 5, 1, 3, $1\frac{3}{10}$

2 3, 1, 9, 4, 5, $1\frac{5}{12}$

3 $2\frac{2}{15}$　　**4** $2\frac{4}{21}$

5 $\frac{1}{12}$　　**6** $2\frac{47}{72}$

7 $2\frac{33}{70}$　　**8** $5\frac{7}{24}$

9 $2\frac{19}{42}$　　**10** $5\frac{33}{100}$

11 $3\frac{14}{45}$　　**12** $2\frac{13}{60}$

13 11, 3, 11, 6, 5, $1\frac{1}{4}$

14 17, 16, 119, 80, 39, $1\frac{4}{35}$

15 $4\frac{5}{12}$　　**16** $4\frac{16}{35}$

17 $2\frac{1}{12}$　　**18** $1\frac{2}{15}$

19 $2\frac{3}{20}$　　**20** $3\frac{1}{12}$

21 $5\frac{1}{18}$　　**22** $5\frac{17}{24}$

23 $3\frac{9}{20}$　　**24** $5\frac{17}{36}$

step ① 원리꼼꼼 132쪽

원리 확인 **1** 4, 5, 14, 5, 14, 5, 9

원리 확인 **2** (1) 3, 8, 15, 8, 15, 8, 7, 1, 7
　　　　　　 (2) 13, 5, 39, 20, 19, 1, 7

2 (2) $3\frac{1}{4}=\frac{3\times4+1}{4}=\frac{13}{4}$,
$1\frac{2}{3}=\frac{1\times3+2}{3}=\frac{5}{3}$

step ② 원리탄탄 133쪽

1 (1) 예  →
　 (2) 4, 10, 5

2 3, 4, 27, 4, 27, 4, 23, 2, 23

3 11, 11, 99, 55, 44

4 (1) $1\frac{23}{24}$　　(2) $1\frac{19}{20}$

3 $2\frac{1}{5}=\frac{2\times5+1}{5}=\frac{11}{5}$,

$1\frac{2}{9}=\frac{1\times9+2}{9}=\frac{11}{9}$

4 (1) $3\frac{5}{8}-1\frac{2}{3}=3\frac{15}{24}-1\frac{16}{24}$

$=2\frac{39}{24}-1\frac{16}{24}=1\frac{23}{24}$

(2) $4\frac{7}{10}-2\frac{3}{4}=4\frac{14}{20}-2\frac{15}{20}$

$=3\frac{34}{20}-2\frac{15}{20}=1\frac{19}{20}$

step ③ 원리척척

134~135쪽

1 $4,\ 9,\ 16,\ 9,\ 16,\ 9,\ 2,\ 7,\ 2\frac{7}{12}$

2 $4,\ 5,\ 14,\ 5,\ 1,\ 14,\ 5,\ 1,\ 9,\ 1\frac{9}{10}$

3 $1\frac{5}{6}$　　　　**4** $5\frac{11}{15}$

5 $1\frac{11}{28}$　　　　**6** $1\frac{25}{63}$

7 $1\frac{13}{24}$　　　　**8** $\frac{37}{40}$

9 $2\frac{11}{20}$　　　　**10** $4\frac{33}{56}$

11 $2\frac{7}{18}$　　　　**12** $3\frac{5}{12}$

13 $13,\ 7,\ 65,\ 28,\ 37,\ 1\frac{17}{20}$

14 $19,\ 11,\ 57,\ 44,\ 13$

15 $1\frac{11}{12}$　　　　**16** $2\frac{8}{15}$

17 $2\frac{13}{21}$　　　　**18** $2\frac{19}{24}$

19 $3\frac{5}{10}\,(=3\frac{1}{2})$　　**20** $2\frac{25}{28}$

21 $2\frac{11}{18}$　　　　**22** $2\frac{23}{63}$

23 $3\frac{23}{36}$　　　　**24** $3\frac{19}{60}$

step ④ 유형콕콕

136~137쪽

01 (1) $7,\ 3,\ 3,\ 14,\ \frac{6}{21},\ \frac{20}{21}$

(2) $4,\ 7,\ 7,\ 12,\ \frac{35}{56},\ \frac{47}{56}$

02 $20,\ 3,\ 23$

03 (1) $\frac{31}{40}$　　　　(2) $1\frac{1}{42}$

04 $\frac{29}{35}$　　　　**05** $3,\ 2,\ 5,\ 5,\ 6\frac{5}{8}$

06 $25,\ 36,\ 61,\ 4\frac{21}{40}$

07 (1) $5\frac{7}{45}$　　　　(2) $7\frac{13}{48}$

08 $7\frac{11}{40}$ m

09 (1) $16,\ 5,\ \frac{11}{20}$　　(2) $27,\ 8,\ 2\frac{19}{42}$

10 (1) $\frac{5}{24}$　　　　(2) $\frac{27}{80}$

(3) $2\frac{47}{72}$　　　　(4) $2\frac{11}{20}$

11 (1) $\frac{5}{36}$　　　　(2) $5\frac{17}{24}$

12 $=$　　　　**13** $5\frac{4}{15}$

14 $\frac{1}{9}$　　　　**15** $4,\ 5,\ 6,\ 7,\ 8,\ 9$

16 $1\frac{11}{12}$

01 (1) 분모의 곱을 공통분모로 하여 통분하여 계산합니다.

(2) 분모의 최소공배수를 공통분모로 하여 통분하여 계산합니다.

03 (1) $\frac{2}{5}+\frac{3}{8}=\frac{16}{40}+\frac{15}{40}=\frac{31}{40}$

(2) $\frac{4}{21}+\frac{5}{6}=\frac{8}{42}+\frac{35}{42}=\frac{43}{42}=1\frac{1}{42}$

04 어제 읽은 양과 오늘 읽은 양은 전체의
$\frac{3}{7}+\frac{2}{5}=\frac{15}{35}+\frac{14}{35}=\frac{29}{35}$입니다.

08 $4\frac{2}{5}+2\frac{7}{8}=4\frac{16}{40}+2\frac{35}{40}=6\frac{51}{40}=7\frac{11}{40}$(m)

10 (2) $\frac{13}{20}-\frac{5}{16}=\frac{52}{80}-\frac{25}{80}=\frac{27}{80}$

　　(4) $8\frac{3}{10}-5\frac{3}{4}=8\frac{6}{20}-5\frac{15}{20}=2\frac{11}{20}$

11 (1) $\frac{5}{9}-\frac{5}{12}=\frac{20}{36}-\frac{15}{36}=\frac{5}{36}$

　　(2) $8\frac{5}{8}-2\frac{11}{12}=8\frac{15}{24}-2\frac{22}{24}=5\frac{17}{24}$

12 $\frac{2}{3}-\frac{3}{8}=\frac{16}{24}-\frac{9}{24}=\frac{7}{24}$

　　$4\frac{1}{6}-3\frac{7}{8}=4\frac{4}{24}-3\frac{21}{24}=\frac{7}{24}$

13 $\square-3\frac{3}{5}=1\frac{2}{3}$

　　$\square=1\frac{2}{3}+3\frac{3}{5}=1\frac{10}{15}+3\frac{9}{15}=4\frac{19}{15}=5\frac{4}{15}$

14 $\frac{2}{3}\diagdown\frac{5}{7}\Rightarrow14<15\Rightarrow\frac{2}{3}<\frac{5}{7}$,

　　$\frac{5}{7}\diagdown\frac{7}{9}\Rightarrow45<49\Rightarrow\frac{5}{7}<\frac{7}{9}$

　　$\frac{7}{9}>\frac{5}{7}>\frac{2}{3}$

　　$\frac{7}{9}-\frac{2}{3}=\frac{7}{9}-\frac{6}{9}=\frac{1}{9}$

15 $6\frac{4}{15}-2\frac{5}{12}=3\frac{51}{60}$, $5\frac{1}{6}+3\frac{9}{10}=9\frac{1}{15}$

　　$3\frac{51}{60}<\square<9\frac{1}{15}$이므로 □ 안에 들어갈 수 있는
　　자연수는 4, 5, 6, 7, 8, 9입니다.

16 (어떤 수)$+3\frac{2}{3}=9\frac{1}{4}$,

　　(어떤 수)$=9\frac{1}{4}-3\frac{2}{3}=9\frac{3}{12}-3\frac{8}{12}$

　　　　　　$=8\frac{15}{12}-3\frac{8}{12}=5\frac{7}{12}$

　　(바르게 계산한 값)$=5\frac{7}{12}-3\frac{2}{3}$

　　　　　　　　　　$=5\frac{7}{12}-3\frac{8}{12}$

　　　　　　　　　　$=4\frac{19}{12}-3\frac{8}{12}=1\frac{11}{12}$

01 20, 7 / 20, 7, 27

02 6, 8, 54, 56, 1, 47, $5\frac{47}{63}$

03 (1) $\frac{19}{21}$ 　　　　(2) $\frac{53}{84}$

04 (1) $1\frac{11}{21}$ 　　　(2) $1\frac{43}{90}$

05 (1) $8\frac{35}{36}$ 　　　(2) $4\frac{23}{60}$

06 ⑤ 　　　　　　**07** ③

08 $9\frac{7}{10}$ 　　　　**09** 10, 3 / 10, 3, 7

10 5, 3, 10, 9, $3\frac{1}{12}$

11 (1) $\frac{17}{42}$ 　　　(2) $\frac{28}{30}\left(=\frac{14}{15}\right)$

12 (1) $2\frac{37}{60}$ 　　　(2) $3\frac{9}{40}$

13 (1) $2\frac{37}{63}$ 　　　(2) $2\frac{19}{36}$

14 $2\frac{31}{36}$ 　　　**15** $15\frac{21}{88}$, $3\frac{43}{88}$

16 $1\frac{1}{6}$ 　　　　**17** $\frac{1}{8}$

18 $11\frac{5}{8}$, $7\frac{29}{30}$, $1\frac{13}{15}$, $1\frac{19}{24}$

19 $12\frac{1}{8}$ cm, $4\frac{7}{8}$ cm 　**20** >

04 (1) $\frac{2}{3}+\frac{6}{7}=\frac{14}{21}+\frac{18}{21}=\frac{32}{21}=1\frac{11}{21}$

　　(2) $\frac{8}{15}+\frac{17}{18}=\frac{48}{90}+\frac{85}{90}=\frac{133}{90}=1\frac{43}{90}$

05 (1) $6\frac{3}{4}+2\frac{2}{9}=(6+2)+\left(\frac{27}{36}+\frac{8}{36}\right)=8\frac{35}{36}$

　　(2) $1\frac{7}{15}+2\frac{11}{12}=(1+2)+\left(\frac{28}{60}+\frac{55}{60}\right)$

　　　　　　　　　　　　$=4\frac{23}{60}$

06 ⑤ $\frac{5}{9}+\frac{7}{12}=1\frac{5}{36}$

07 ③ $1\dfrac{3}{4}+4\dfrac{5}{6}=6\dfrac{7}{12}$

08 $\square-7\dfrac{1}{2}=2\dfrac{1}{5}$ ➡ $\square=2\dfrac{1}{5}+7\dfrac{1}{2}=9\dfrac{7}{10}$

13 (1) $8\dfrac{4}{9}-5\dfrac{6}{7}=8\dfrac{28}{63}-5\dfrac{54}{63}=7\dfrac{91}{63}-5\dfrac{54}{63}$
$\qquad\qquad =2\dfrac{37}{63}$

(2) $5\dfrac{5}{12}-2\dfrac{8}{9}=5\dfrac{15}{36}-2\dfrac{32}{36}=4\dfrac{51}{36}-2\dfrac{32}{36}$
$\qquad\qquad =2\dfrac{19}{36}$

14 $8\dfrac{5}{9}+\square=11\dfrac{5}{12}$ ➡ $\square=11\dfrac{5}{12}-8\dfrac{5}{9}=2\dfrac{31}{36}$

19 합 : $3\dfrac{5}{8}+8\dfrac{1}{2}=3\dfrac{5}{8}+8\dfrac{4}{8}=12\dfrac{1}{8}$(cm)

차 : $8\dfrac{1}{2}-3\dfrac{5}{8}=8\dfrac{4}{8}-3\dfrac{5}{8}=7\dfrac{12}{8}-3\dfrac{5}{8}$
$\qquad\qquad =4\dfrac{7}{8}$(cm)

20 $\dfrac{3}{8}+\dfrac{1}{4}=\dfrac{3}{8}+\dfrac{2}{8}=\dfrac{5}{8}$

$\dfrac{5}{6}-\dfrac{1}{3}=\dfrac{5}{6}-\dfrac{2}{6}=\dfrac{3}{6}=\dfrac{1}{2}$

➡ $\dfrac{3}{8}+\dfrac{1}{4}>\dfrac{5}{6}-\dfrac{1}{3}$

6. 다각형의 둘레와 넓이

원리확인 1   (1) 3, 6, 18   (2) 4, 3, 2, 14
          (3) 7, 5, 2, 24   (4) 8, 4, 32

1 (1) 48 cm   (2) 56 cm
2 (1) 28 cm   (2) 40 cm
3 (1) 18 cm   (2) 20 cm
4 (1) 36 cm   (2) 24 cm

1 (1) (정육각형의 둘레)$=8 \times 6=48$(cm)
   (2) (정팔각형의 둘레)$=7 \times 8=56$(cm)

2 (1) $(6+8) \times 2=28$(cm)
   (2) $(12+8) \times 2=40$(cm)

3 (1) $(2+7) \times 2=18$(cm)
   (2) $(6+4) \times 2=20$(cm)

4 (1) $9 \times 4=36$(cm)
   (2) $6 \times 4=24$(cm)

1 18		**2** 20	
3 30		**4** 24	
5 14		**6** 14	
7 18		**8** 18	
9 24		**10** 28	
11 26		**12** 64	
13 20		**14** 28	
15 48		**16** 60	

원리확인 1   (1) 15개   (2) 15 cm²
원리확인 2   (1) 16개   (2) 16 cm²

1 (1) 1 cm²가 가로에 5개, 세로에 3개이므로 모두
     $5 \times 3=15$(개) 있습니다.
   (2) 1 cm²가 15개 있으므로 넓이는 15 cm²입니다.

   다른 풀이   (직사각형의 넓이)$=$(가로)$\times$(세로)
                            $=5 \times 3$
                            $=15$(cm²)

2 (1) 1 cm²가 가로에 4개, 세로에 4개이므로 모두
     $4 \times 4=16$(개) 있습니다.
   (2) 1 cm²가 16개 있으므로 넓이는 16 cm²입니다.

   다른 풀이   (정사각형의 넓이)
           $=$(한 변의 길이)$\times$(한 변의 길이)
           $=4 \times 4=16$(cm²)

1 (1) 1 cm²   (2) 1 제곱센티미터
2 나, 가, 다, 라
3 (1) 24 cm²   (2) 40 cm²
4 (1) 81 cm²   (2) 144 cm²

2 가 : $7 \times 2=14$(cm²)   나 : $4 \times 4=16$(cm²)
   다 : $3 \times 3=9$(cm²)   라 : $6 \times 1=6$(cm²)

3 (1) $4 \times 6=24$(cm²)
   (2) $8 \times 5=40$(cm²)

4 (1) $9 \times 9=81$(cm²)
   (2) $12 \times 12=144$(cm²)

1 6		**2** 10	
3 20		**4** 24	
5 16		**6** 라, 다, 마, 나, 가	
7 12		**8** 16	
9 20		**10** 25	
11 9		**12** 라, 다, 나, 가, 마	
13 24		**14** 35	
15 12		**16** 24	
17 49		**18** 25	
19 9		**20** 36	

1 4 m	**2** 2 m
3 8번	**4** 8 m^2
5 10	**6** 9
7 8 km	**8** 40 km^2
9 9, 5, 45	**10** 3, 8, 24
11 98	**12** 300
13 9, 9, 81	**14** 5, 5, 25
15 36	**16** 144
17 m^2	**18** km^2

원리확인 ❶ (1) 16, 16　　(2) 6, 6
원리확인 ❷ (1) 8, 4, 32　　(2) 5, 5, 25

1 (1) 1 m^{2}의 16배 ➡ 16 m^2
　　(2) 1 m^{2}의 6배 ➡ 6 m^2

원리확인 ❶ 세로, 밑변, 2, 8
원리확인 ❷ (1) 6, 6, 6　　(2) 같습니다.

2 (1) 가, 나, 다는 모두 밑변이 3 cm, 높이가 2 cm
　　이므로 넓이가 모두 3×2=6(cm^2)입니다.

1 100, 100, 10000, 1, 1, 1
2 24
3 (1) 60000　　(2) 150000
　　(3) 7　　(4) 16
　　(5) 8000000　　(6) 12000000
　　(7) 4　　(8) 9
4 21

2 300 cm=3 m이므로 8×3=24(m^2)입니다.

4 3000 m=3 km이므로 3×7=21(km^2)입니다.

1 2 cm
2 (1) 20 cm^2　　(2) 20 cm^2
3 (1) 42 cm^2　　(2) 15 cm^2
4 다

2 (1) 만들어진 직사각형의 가로는 5 cm이고 세로는
　　4 cm이므로 직사각형의 넓이는
　　5×4=20(cm^2)입니다.
　　(2) 평행사변형을 잘라서 직사각형을 만들었으므로
　　평행사변형의 넓이도 20 cm^{2}입니다.

3 (1) $7 \times 6 = 42 (\text{cm}^2)$
(2) $3 \times 5 = 15 (\text{cm}^2)$

4 높이가 모두 같으므로 밑변의 길이가 다른 다의 넓이가 다릅니다.

step **3** 원리 척척   156~157쪽

1 5, 6, 30   **2** 9, 4, 36
3 36 cm^2 **4** 14 cm^2
5 18 cm^2 **6** 35 cm^2
7 104 cm^2 **8** 72 cm^2
9 20, 20, 20, 20, 밑변, 높이
10 ㄹ
11

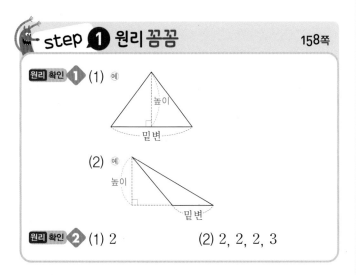

step **1** 원리 꼼꼼   158쪽

원리 확인 **1** (1) 예

(2) 예

원리 확인 **2** (1) 2   (2) 2, 2, 2, 3

1 삼각형의 높이는 밑변과 마주 보는 꼭짓점에서 밑변에 수직으로 그은 선분의 길이입니다.

step **2** 원리 탄탄   159쪽

1 5, 5, 4
2 (1) 27 cm^2 (2) 14 cm^2
3 밑변, 높이
4 나

2 (1) $9 \times 6 \div 2 = 27 (\text{cm}^2)$
(2) $4 \times 7 \div 2 = 14 (\text{cm}^2)$

4 높이가 모두 같으므로 밑변의 길이가 다른 나의 넓이가 다릅니다.

step **3** 원리 척척   160~161쪽

1 4, 8   **2** 5, 5
3 10 cm^2 **4** 20 cm^2
5 6 cm^2 **6** 18 cm^2
7 44 cm^2 **8** 49 cm^2
9 12, 6, 4   **10** 16, 4, 8
11 10 cm   **12** 5 cm
13 8, 8, 8, 8, 밑변, 높이
14 ㄹ

step **1** 원리 꼼꼼   162쪽

원리 확인 **1** (1) 4, 2, 12   (2) 6, 2, 12
원리 확인 **2** 대각선, 대각선, 2, 2, 2, 4

step ② 원리 탄탄　　　　163쪽

1 (1) 2배　　　　(2) 48 cm²
　　(3) 24 cm²
2 (1) 10 cm²　　(2) 4배
　　(3) 40 cm²
3 (1) 20 cm²　　(2) 27 cm²

1 (1) 두 대각선을 따라 자르면 합동인 직각삼각형이
　　직사각형 ㅁㅂㅅㅇ에는 8개 만들어지고, 마름
　　모 ㄱㄴㄷㄹ에는 4개 만들어지므로 직사각형
　　ㅁㅂㅅㅇ의 넓이는 마름모 ㄱㄴㄷㄹ의 넓이의
　　2배입니다.
　(2) $8 \times 6 = 48 (\text{cm}^2)$
　(3) 마름모 ㄱㄴㄷㄹ의 넓이는 직사각형 ㅁㅂㅅㅇ
　　의 넓이의 반이므로 $48 \div 2 = 24 (\text{cm}^2)$입니다.

2 (1) $5 \times 4 \div 2 = 10 (\text{cm}^2)$
　(3) 마름모 ㄱㄴㄷㄹ의 넓이는 삼각형 ㄱㄴㅇ의 넓
　　이의 4배이므로 $10 \times 4 = 40 (\text{cm}^2)$입니다.

3 (1) $5 \times 8 \div 2 = 20 (\text{cm}^2)$
　(2) $9 \times 6 \div 2 = 27 (\text{cm}^2)$

step ③ 원리 척척　　　　164~165쪽

1 (1) 40 cm²　　(2) 20 cm²
2 (1) 80 cm²　　(2) 40 cm²
3 (1) 10 cm²　　(2) 20 cm²
4 (1) 25 cm²　　(2) 50 cm²
5 14, 10, 2, 70　　**6** 4, 11, 2, 22
7 32 cm²　　**8** 26 cm²
9 27 cm²　　**10** 30 cm²
11 12　　**12** 6

11 $7 \times \square \div 2 = 42$, $\square = 42 \times 2 \div 7 = 12$

step ① 원리 꼼꼼　　　　166쪽

원리확인 **1** 높이, 아랫변
원리확인 **2** (1) 4, 2, 3, 2, 18　(2) 6, 4, 18

1 사다리꼴에서 평행한 두 변을 밑변이라 하고, 한 밑
　변을 윗변, 다른 밑변을 아랫변이라고 합니다. 이때
　두 밑변 사이의 거리를 높이라고 합니다.

step ② 원리 탄탄　　　　167쪽

1 8, 14, 5　　**2** 4, 4, 10, 3
3 (1) 40 cm²　　(2) 39 cm²
4 나

3 (1) $(7+9) \times 5 \div 2 = 40 (\text{cm}^2)$
　(2) $(8+5) \times 6 \div 2 = 39 (\text{cm}^2)$

4 높이가 모두 같으므로 두 밑변의 길이의 합이 다른
　나의 넓이가 다릅니다.

step ③ 원리 척척　　　　168~171쪽

1 6, 10, 5, 80 / 6, 10, 5, 2, 40
2 5, 7, 9, 108 / 5, 7, 9, 2, 54
3 3, 12, 10, 150 / 3, 12, 10, 2, 75
4 12, 7, 20, 380 / 12, 7, 20, 2, 190
5 (1) 15 cm²　　(2) 25 cm²
　　(3) 40 cm²
6 (1) 24 cm²　　(2) 12 cm²
　　(3) 36 cm²

7 (1) 20 cm²   (2) 14 cm²

    (3) 34 cm²

8 (1) 96 cm²   (2) 36 cm²

    (3) 132 cm²

9 3, 5, 3, 12   **10** 2, 6, 4, 16

11 18 cm²   **12** 24 cm²

13 39 cm²   **14** 33 cm²

15 7   **16** 10

17 3, 4, 4, 14 / 5, 2, 4, 14 / 밑변, 높이

18 30, 30, 30, 밑변, 높이

19 ©

15 $(11+\square)\times9\div2=81,$

    $11+\square=81\times2\div9=18$

    $\square=18-11=7$

---

 step ❶ 원리 꼼꼼   172쪽

원리 확인 ❶ (1) 10, 2, 3, 32, 15, 47

        (2) 4, 4, 10, 12, 20, 15, 47

        (3) 6, 2, 4, 3, 8, 24, 15, 47

---

step ❷ 원리 탄탄   173쪽

1 12, 9, 18, 54, 72

2 (1) 234 cm²   (2) 62 cm²

3 (1) 68 cm²   (2) 57 cm²

4 71 cm²

2 (1) $12\times9\div2+20\times18\div2=234(\text{cm}^2)$

    (2) $(8+12)\times(5+3)\div2-12\times3\div2$

       $=62(\text{cm}^2)$

---

3 (1)

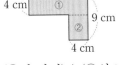

(①의 넓이)+(②의 넓이)

$=(12\times4)+4\times(9-4)$

$=48+20=68(\text{cm}^2)$

(2)

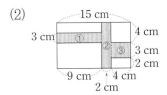

(①의 넓이)+(②의 넓이)+(③의 넓이)

$=(9\times3)+2\times(4+3+2)+(4\times3)$

$=27+18+12=57(\text{cm}^2)$

4

(색칠한 부분의 넓이)

$=(9+11)\times5\div2+(5+9)\times3\div2$

$=50+21=71(\text{cm}^2)$

---

step ❸ 원리 척척   174~175쪽

1 96   **2** 68

3 112   **4** 103

5 102   **6** 171

7 107   **8** 162

9 27.5 cm²   **10** 24 cm²

11 210 cm²   **12** 94 cm²

13 143 cm²   **14** 236 cm²

15 61 cm²   **16** 100 cm²

01 48 cm   **02** 8

03 4 cm   **04** 8

05 18

06 (1) 20000   (2) 8

      (3) 5   (4) 6000000

07 (1) 120 cm^2 (2) 168 cm^2

08 (1) 6   (2) 4

09 (1) 27 cm^2 (2) 44 cm^2

10 7

11 (1) 108 cm^2 (2) 68 cm^2

12 17 cm

13 (1) 28 cm^2 (2) 76 cm^2

14 다   **15** 64 cm^2

16 6

---

01 $8 \times 6 = 48$(cm)

02 (정사각형의 한 변의 길이)$= 32 \div 4 = 8$(cm)

03 (정사각형의 둘레)$= 15 \times 4 = 60$(cm)
(직사각형의 둘레)$= (22 + 6) \times 2 = 56$(cm)
따라서 둘레의 차는 4 cm입니다.

04 $104 \div 13 = 8$(cm)

05 $12 \times 12 = 144$(cm^2) ➡ $144 \div 8 = 18$(cm)

07 (1) $15 \times 8 = 120$(cm^2)
(2) $12 \times 14 = 168$(cm^2)

08 (1) $4 \times \square = 24$, $\square = 24 \div 4 = 6$
(2) $\square \times 7 = 28$, $\square = 28 \div 7 = 4$

09 (1) $9 \times 6 \div 2 = 27$(cm^2)
(2) $11 \times 8 \div 2 = 44$(cm^2)

10 두 삼각형의 넓이가 같고 높이가 같으므로 밑변의 길이도 같습니다.

11 (1) $18 \times 12 \div 2 = 108$(cm^2)
(2) $17 \times 8 \div 2 = 68$(cm^2)

12 다른 대각선을 $\square$라 하면
$6 \times \square \div 2 = 51$,
$\square = 51 \times 2 \div 6 = 17$(cm)입니다.

13 (1) $(5 + 9) \times 4 \div 2 = 28$(cm^2)
(2) $(6 + 13) \times 8 \div 2 = 76$(cm^2)

14 가와 나는 두 밑변의 길이의 합이 6 cm, 높이가 3 cm이고, 다는 두 밑변의 길이의 합이 5 cm, 높이가 3 cm이므로 넓이가 다른 것은 다입니다.

15 $16 \times (8 + 4) \div 2 - 16 \times 4 \div 2 = 64$(cm^2)

16 $(15 \times \square) - (8 \times 2) = 74$
$15 \times \square - 16 = 74$
$\square = (74 + 16) \div 15 = 6$

01 35 cm   **02** 7, 7, 3, 7, 20

03 4   **04** 24

05 9, 15   **06** 11, 77

07 8, 64

08 (1) 108 cm^2 (2) 100 cm^2

09 (1) 40000   (2) 5

      (3) 7000000   (4) 8

10 (1) 42 cm^2 (2) 72 cm^2

11 ④

12 (1) 105 cm^2 (2) 54 cm^2

13 ④   **14** 8 cm

15 50   **16** 39 cm^2

17 25 cm^2 **18** 8

19 6   **20** 78 cm^2

01 $7 \times 5 = 35 \, (\text{cm})$

03 $24 \div 2 - 8 = 4 \, (\text{cm})$

10 (1) (넓이)$= 6 \times 7 = 42 \, (\text{cm}^2)$
　　(2) (넓이)$= 8 \times 9 = 72 \, (\text{cm}^2)$

11 ①, ②, ③, ⑤ ➡ $12 \, \text{cm}^2$
　　④ ➡ $15 \, \text{cm}^2$

12 (1) (넓이)$= 14 \times 15 \div 2 = 105 \, (\text{cm}^2)$
　　(2) (넓이)$= 9 \times 12 \div 2 = 54 \, (\text{cm}^2)$

14 (높이)$= 20 \times 2 \div 5 = 8 \, (\text{cm})$

15 (삼각형의 넓이)$= 30 \times 40 \div 2 = 600 \, (\text{cm}^2)$이므로
　　$600 \times 2 \div 24 = 50 \, (\text{cm})$입니다.

16 $6 \times 13 \div 2 = 39 \, (\text{cm}^2)$

17 $(4 + 6) \times 5 \div 2 = 25 \, (\text{cm}^2)$

18 $11 \times \square \div 2 = 44, \ \square = 8$

19 $(4 + 9) \times \square \div 2 = 39, \ \square = 6$

20 (색칠한 부분의 넓이)
　　$= (6 \times 12 \div 2) + (7 \times 12 \div 2)$
　　$= 36 + 42 = 78 \, (\text{cm}^2)$

동영상 강의 QR 코드

1. 자연수의 혼합 계산

4

7쪽

4

11쪽

4

15쪽

4

19쪽

5

23쪽

07

08

13

15

16

2. 약수와 배수

5

33쪽

4

37쪽

4

41쪽

4

45쪽

4

49쪽

4

53쪽

08

11

12

15

16

동영상 강의 QR 코드

3. 규칙과 대응

 원리 탄탄

5	5	4
63쪽	67쪽	71쪽

 유형 콕콕

08	11	12	14	15	16

4. 약분과 통분

원리 탄탄

3	4	4	5	4	4
81쪽	85쪽	89쪽	93쪽	99쪽	103쪽

유형 콕콕

12	13	14	15	16

동영상 강의 QR 코드

5. 분수의 덧셈과 뺄셈

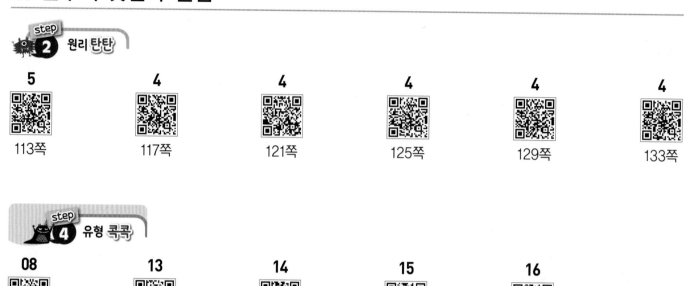

step 2 원리 탄탄

5	4	4	4	4	4
113쪽	117쪽	121쪽	125쪽	129쪽	133쪽

step 4 유형 콕콕

08	13	14	15	16

6. 다각형의 둘레와 넓이

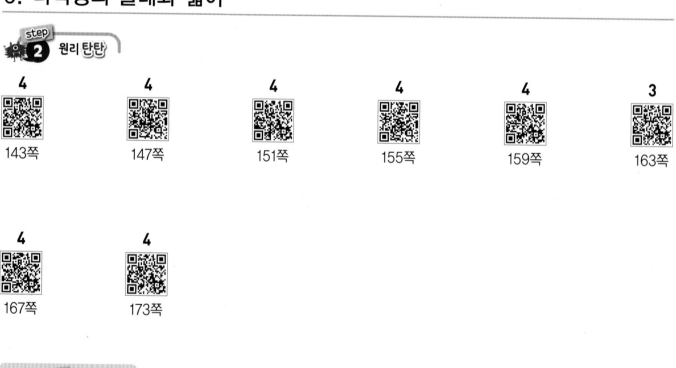

step 2 원리 탄탄

4	4	4	4	4	3
143쪽	147쪽	151쪽	155쪽	159쪽	163쪽

4	4
167쪽	173쪽

step 4 유형 콕콕

10	11	12	13	15	16